乡村振兴背景下的
乡村景观设计研究与实践

袁园 ◎ 著

中国纺织出版社有限公司

内 容 提 要

乡村振兴建设是党和国家一直都十分注重的乡村发展战略，随着近年来社会与自然环境的变化，人们越来越注重对绿色环境的追求，越来越注重人与自然的和谐共生，在此背景下，乡村绿色振兴研究成为当前乡村建设发展需要认真思考的问题。通过对国内外相关研究的详细梳理，笔者结合当前我国乡村绿色振兴的发展状况，对乡村景观设计的理论体系、乡村景观设计实践、存在的问题与应对策略等进行了具体而详细的研究。

图书在版编目（CIP）数据

乡村振兴背景下的乡村景观设计研究与实践 / 袁园著. -- 北京 : 中国纺织出版社有限公司，2023.7
ISBN 978-7-5229-0824-3

Ⅰ. ①乡… Ⅱ. ①袁… Ⅲ. ①乡村—景观设计—研究 Ⅳ. ①TU986.2

中国国家版本馆CIP数据核字(2023)第145961号

责任编辑：刘　茸　　责任校对：寇晨晨　　责任印制：王艳丽

中国纺织出版社有限公司出版发行
地址：北京市朝阳区百子湾东里A407号楼　邮政编码：100124
销售电话：010—67004422　传真：010—87155801
http://www.c-textilep.com
中国纺织出版社天猫旗舰店
官方微博 http://weibo.com/2119887771
三河市宏盛印务有限公司印刷　各地新华书店经销
2023年7月第1版第1次印刷
开本：787×1092　1/16　印张：13
字数：206千字　定价：88.00元

前 言

乡村振兴战略是我国的重要发展战略，自提出以来一直深受广大群众的关注，是民众的热议话题，也是广大专家、学者的重点研究课题。在近几年的发展中，促进乡村振兴的相关政策及措施可谓包罗万象，国家通过多措并举，已经基本实现多方面利益群体的通力合作，取得许多显著成效。乡村振兴是一种全面的、综合性的振兴，涉及方方面面，是一项十分复杂的工程，需要进行长期的探索与实践，不断更新发展策略，探求可持续发展道路。当前，乡村振兴战略仍然是指引乡村建设的主要战略。

在乡村振兴背景下，乡村景观设计也成为促进乡村发展的一项重要内容。我国农村地区受现代工业影响较少，保留了较多的自然风光，这些自然景物为乡村景观设计创造了天然的优势。景观设计可以充分挖掘出乡村景观资源的经济效益，改善乡村居民的生活环境，不仅能够增强居民的生活幸福感，还能为其发展旅游业创造有利条件，促进乡村经济发展。基于此，作者在参阅相关文献资料的基础上，结合自身经验撰写了《乡村振兴背景下的乡村景观设计研究与实践》一书。

本书内容主要有七个部分，分为绪论和六章内容。绪论部分主要介绍乡村振兴政策的提出与实施，让读者对乡村振兴战略的意义与实施现状有一个基本了解。第一章阐述了乡村景观的相关概念与内涵，分析了乡村景观的特征、要素、类型与价值。第二章研究了乡村景观设计的理论体系，主要包含共生原理、景观生态学理论、可持续发展理论、景观美学理论等。第三章对国内外乡村景观设计发展分别进行了分析，以期从国外先进经验中汲取一些适用于我国乡村景观设计的经验。第四章研究了乡村振兴背景下的乡村景观设计的方法，首先分析了乡村景观设计的目标和原则，再依据目标与原则研究出乡村景观设计的程序与方法。第五章从实践角度研究乡村振兴背景下的乡村景观设计实践，内容涉及乡村景观设计实践的策略、文化体验分析等部分。并且为了进一步完善本章内容，增加书本的实践指导意义，本章第六节特别以万源三官场村的景观改造设计实践为例，对乡村景观设计实践展开了具体探索。第六章主要研究乡村振兴背景下乡村景观设计存在的问题与应对策略，并从问题出发，探讨了具体的优化策略，以期探索出一条助推乡村景观设计进一步发展的道路。

本书以乡村振兴战略为背景，以乡村景观设计为主题，研究乡村振兴背景下的乡村景观设计，希望能为当前乡村景观设计提供一些有价值的经验，从而推动乡村振兴进一步发展。综合来看，本书的突出特点体现在两个方面。一方面，本书重视理论与实践的结合。本书除了在多个分主题的研究中都先从理论入手外，还在第二章专门研究了乡村景观设计的理论体系，同时在理论的基础上进行实践研究，并在第五章专门研究了乡村振兴背景下的乡村景观设计实践，体现了理论与实践的充分结合。另一方面，本书内容完整，结构清晰。本书有绪论和六章内容，各部分主题鲜明，相互独立又相互关联，涉及了战略背景、基础概念、理论体系、国内外发展经验、设计方法、设计实践、存在问题和应对策略等方方面面，展现了内容的完整性和全书清晰的脉络，便于读者理解和选读。

在撰写本书的过程中，笔者参阅、借鉴了近年来国内外的相关研究文献，从中获取了许多宝贵的经验，在此谨向这些研究者表示衷心的感谢。由于笔者水平有限，加之时间仓促，书中理论和方法难免存在不足之处，恳请广大读者多多批评指正。

袁园

2023年7月

目 录

绪 论

乡村振兴政策的提出与实施

将中国全面建设成社会主义现代化国家是我国长期奋斗的主要事业，为了完成这项事业，国家出台了一系列战略、措施，从各个方面入手，系统、全面地发展。在现代化进程中，推进城镇化发展和缩小城乡发展差异是必由之路。2017年10月18日，中国共产党第十九次全国代表大会在北京召开，习近平总书记作了题为《决胜全面建成小康社会　夺取新时代中国特色社会主义伟大胜利》的报告，提出了乡村振兴战略。这次代表大会通过的党章还将这一战略写入其中。2018年中央一号文件又对这一战略的具体实施做了详尽的部署。

乡村振兴政策是基于我国的基本国情提出的，包含产业振兴、组织振兴、生态振兴、人才振兴和文化振兴五个方面的内容，符合我国现代化发展的阶段性特征的要求，是关系全面建设社会主义现代化国家的全局性、历史性任务。下面将对乡村振兴战略出台的背景以及乡村振兴战略的实施情况进行讨论。

一、乡村振兴政策的提出背景

乡村振兴战略的提出是解决“三农”问题的总抓手，与城乡关系的变化有着密不可分的联系，而城乡关系的变化是以国家工业化、现代化的发展程度为背景的。工业化和现代化水平的提高会带来人均收入的增长和经济结构的转换。中华人民共和国成立以来，国家致力于发展工业化、现代化社会，出台了一系列政策措施，使我国城乡关系发展呈现出了阶段性的特征，乡村振兴战略正是以现阶段的城乡关系为基础提出的，其提出背景就是城乡关系的变化过程。具体来说，自中华人民共和国成立以来，我国城乡关系的变化过程大致可以四个阶段，分别是改革开放前的城乡分割阶段、改革开放后至20世纪末的城乡联通阶段、21世纪后的城乡统筹阶段以及党的十七大以后的城乡融合阶段。

（一）城乡分割阶段

纵观世界各国各地区的发展史，可以看到很多国家和地区在工业化建设初期，都会采取牺牲农民利益的方式推动经济增长和社会发展。中华人民共和国成立之初，作为一个人口众多的农业大国，百废待兴，不但面临着困难的局面，还受到了西方国家的经济封锁，要建设中国的工业化体系显然是十分困难的。对于当时的中国而言，要想实现经济的快速增长，促进工业化建设，就必须借鉴外国工业化发展的一般规律，即重工压农。因此，在中华人民共和国成立初期，我国城乡关系呈现出二元分割的局面。农产品方面，国家实行严格的计划生产、计划供应，即统购派购制度，统一定价收购农产品和供应工业品，形成价格上的“剪刀差”，从中获得国家工业化所需的原料，提取发展资金。户籍管理方面，实行了严密的、城乡阻隔的户籍管理制度，对粮、棉、油和生活必需品实行凭票供应，严格阻止农业人口向城镇转移。在这些政策之下，除了少量在自留地种养的蔬菜、家禽和从生产队分的、省吃俭用留下来的一些东西可在集市上叫卖外，农民无法带大宗农产品进城自由买卖，更不能进城做工经商；城里人也不能私自去农村收购农产品和出售工业品。

这种城乡分割的阶段是一个国家实现工业化的必经之路，是符合社会发展客观规律的、难以逾越的特定阶段。在我国工业化发展进程中，农业、农村、农民为之提供了原始积累，创造了物质基础，做出了巨大贡献。党和国家始终把解决“三农”问题作为工作重点，积极探索具有中国特色的农业、农村、农民发展道路。国家加大对农业的物资和信贷投入，发展农机、农资生产和农村工业，为推进农业现代化创造条件，但受限于当时经济实力等原因，仍显得力不从心。

20 世纪 50 ～ 60 年代，为了更好地开展社会主义建设，我国在一段时间内实行了城镇青年支援农村的政策，还有一些农村青年通过升学、当兵或招工等方式到城镇发展，促使农村人口和城镇人口有了一定流动，但总体上看，全国城镇与广大农村是分割的。

（二）城乡联通阶段

20 世纪 70 年代后期，国家支持发展地方“五小”工业和社队企业，促进了城乡生产要素的直接交流。特别是上千万城镇知识青年上山下乡和回城就业，既带来知青家人和亲朋好友下乡走访，又促使农民到城里走亲访友见世面，为城乡联通创造了契机。

随着改革开放的实行，我国很多地区的乡镇企业迅速崛起，还有很多马路市场得到发展，有力推动了我国城镇和农村的生产要素流通，在一定程度上打破了城乡二元分割的限制与壁垒。国家实施对外开放政策，创办经济特区，开放沿海港口城市，扩大经济开放区，带动了大批农民到沿海城市和开放地区就业创业。农村中许多具有经济头脑的能人和有一技之长的工匠进入城市发展。国家也在逐步放宽农副产品统购统销政策，允许完成派购任务的农副产品自由上市和自主运销，提倡队店挂钩、产销对接。同时，工业化、城镇化发展需要大量新生劳动力，农民工进城不仅是打工经商，也在城镇中生活定居。城乡间人口、商品、资金、技术、信息和观念的交流日益密切，极大地冲击了城乡二元结构。

随着改革开放的不断深入，计划经济已经无法适应我国当时的市场需求，我国开始从根本上摆脱实行多年的计划经济制度的束缚，开拓更广阔的市场空间。党的十四大确立了建立社会主义市场经济体制的改革目标，提出了到 20 世纪末实现人民生活由温饱进入小康。1993 年 11 月，党的十四届三中全会审议通过《中共中央关于建立社会主义市场经济体制若干问题的决定》，强调在坚持以公有制为主体、多种经济成分共同发展的基础上，建立现代企业制度、全国统一开放的市场体系、完善的宏观调控体系、合理的收入分配制度和多层次的社会保障制度。这就为彻底打破城乡分割的二元结构、进一步解放社会生产力创造了条件，也为统筹推进城乡改革发展、更好地解决农业这个国民经济的薄弱环节打实了基础。

（三）城乡统筹阶段

进入 21 世纪，我国工业化建设已经进入全新阶段，城乡联动、城乡一体化发展成为我国社会发展的必然趋势。2002 年 11 月，党的十六大报告通过了题为《全面建设小康社会，开创中国特色社会主义事业新局面》的报告，首次把“全面繁荣农村经济”和“加快城镇化进程”并列。这次大会成为中国城乡关系的一个转折点，城乡发展演变的方向发生了根本性的变化。会上提出了“统筹城乡经济社会发展”的理念和政策趋向，强调解决好“三农”问题是全党工作的重中之重，城乡发展一体化是解决“三农”问题的根本途径。要求加大统筹城乡发展力度，增强农村发展活力，逐步缩小城乡差距，促进城乡共同繁荣。坚持工业反哺农业、城市支持农村和“多予、少取、放活”的方针，加大强农、惠农、富农政策力度，保持农民收入持续较快增长，让广大农民平等参与现代化进程、共同分享现代化成果。加快完善城乡发展一体化体制机制，着力在城乡规划、基础设施、公共服务等方面推进一体化，促进城乡要素平等交换和公共资源均衡配置。总的来看，这一时期国家的发展战略思路是优先发展城镇，进而以城镇发展带动乡村发展。

推动城乡统筹发展，重点在于正确认识和处理城市与农村的关系，必须坚持以工促农、以城带乡、工农互惠、城乡一体的指导原则，构建新型城乡工农关系。要采取切实的政策和措施，打破城乡二元体制，消除制约农业、农村发展的体制性障碍，调整公共资源配置，增加对农业和农村的投入。要在城乡产业政策、劳动就业、要素流动、公共事业建设、社会保障等方面加大统筹协调力度，不断缩小城乡发展差距，实现城市与农村共同进步、工业与农业共同协调发展。

中国工业化发展进入中期阶段是城乡关系进入统筹阶段的深层次背景。当一个国家或地区处于工业化中期阶段时，工业体系基本形成，就会开始反哺农业。很多学者研究了 20 世纪 90 年代后期和 21 世纪初期中国工业化所处的阶段。马晓河、兰海涛、任保平、陈佳贵等人，虽然认为中国工业化进程进入中期阶段的具体时间有一些差异，但从各项数据来看，2002 年之后，中国工业化无疑已经进入了中期阶段。党的十六大的召开以及会上的各项政策措施的发布，显示出中国共产党为了适应新的发展阶段的需要，及时地提出了新的发展理念并转变了发展战略。其后，在 2004 年 9 月召开的中国共产党第十六届中央委员会第四次全体会议上，中共中央首次提出了“两个趋向”的论断，即在工业化初始阶段，农业支持工业、为工业提供积累是带有普遍性的趋向；工业化达到相当程度以后，工业反哺农业、城市支持农村，实现工业与农业、城市与农村协调发展，也是带有普遍性的趋向。这为中国在新阶段形成“工业反哺农业、城市支持农村”和“多予、少取、放活”的政策框架定下了基调，标志着国家发展的基本方略开始发生根本性转变。自此，每年的中央一号文件都聚焦在“三农”领域，实施了一系列切实可行的惠农政策。

中央财政实施的农业补贴等相关的惠农政策从良种补贴起步。2002

年，中央财政在东北地区推广高油大豆良种补贴项目，此后，补贴资金和补贴范围不断扩大。2004 年中央一号文件提出了粮食主产区种粮农民直接补贴政策，这是推进粮食流通体制改革、提高种粮农民收入水平和保障粮食产出的重要举措。2005 年，国家要求有条件的地方进一步加大补贴力度。2006 年，国家明确提出粮食主产区要将种粮农民直接补贴的资金规模提高到粮食风险基金的 50% 以上。2007 年，这一比例被要求进一步扩大至全国各地。自此，种粮直补政策成为中央财政支持“三农”的基本政策之一。另外，国家还在农业机械设备以及柴油、化肥等生产资料等方面提供了补贴政策。这些政策对于促进粮食生产和农民增收、推动农业农村发展发挥了积极的作用。

随着经济发展和财政收入水平的提高，2005 年底，第十届全国人民代表大会决定废止农业税条例。国家重视提高农业综合生产能力，发展现代农业，加强农业基础设施建设，加快农业科技创新，促进农业稳定发展、农民持续增收。以农村最低生活保障制度、新型农村合作医疗制度、新型农村社会养老保障制度、农村“五保”供养制度等为重要内容的社会保障体系逐步形成，被征地农民社会保障、农民工工伤和医疗等社会保险体系不断完善。包括乡镇机构、农村义务教育、县乡财政管理体制等内容的农村综合改革和集体林权制度改革都取得积极进展。

经过这个时期的努力，扭转了农民收入和粮食产量过去在低位徘徊的局面，进入了稳定增长期，形成了“连增”的局面。但农民收入始终低于城镇居民收入，城乡居民收入差距甚至呈扩大趋势，可见，“三农”状况的改变需要付出长时间的努力。

（四）城乡融合阶段

2002 ～ 2007 年，中央层面密集出台众多支农、惠农政策，一些财政能力较强的地方政府也出台相关配套措施，有效改变了“三农”状况下滑的局面，使党的十六大提出的统筹城乡经济社会发展的任务基本完成。2007 年 10 月，中国共产党第十七次全国代表大会报告尽管仍以“统筹城乡发展，推进社会主义新农村建设”为题部署农业农村工作，但同时提出“要加强农业基础地位，走中国特色农业现代化道路，建立以工促农、以城带乡长效机制，形成城乡经济社会发展一体化新格局”。说明城乡统筹到了新的阶段，即城乡融合阶段。从党的十七大到十九大，经过十年的努力，中国城乡关系发生了重大转变。

针对农业问题，政策趋势从保护转变到提高竞争力上。党的十七大以后，前一个阶段实施的农业补贴政策继续实施，有的地方加大了补贴力度，如农机具购置补贴、农业生产资料综合补贴等；有的地方扩大了补贴范围，如良种补贴，不仅在种植业领域不断扩大补贴范围，还扩大到畜牧业良种的繁育和采用。到 2017 年 10 月党的十九大召开前，中央层面上的农业补贴项目大约有 50 种，在相关部门的执行过程中，逐渐显露了一些分散、重复的问题。在这一阶段，良种补贴、种粮直补、农业生产资料综合补贴由于难以解决生产面积精准化的难题，已经演化为收入补贴，对生产的激励很小，政策效能降低，政策效应减弱。在此背景下，农业补贴的政策改革势在必行。2015 年 5 月，财政部、农业部联合发布了《关于调整完善农业三项补贴政策的指导意见》，实行“三补合一”，并选取部分地区开展农业“三项补贴”改革试点。2016 年，这一政策开始在全国范围内实施。总的来看，经过这一时期的努力，中国农业的支持保护体系基本形成。从结构上看，目前中国已经初步建立了以保障粮食安全、促进农民增收和农业可持续发展为主要目标，由对农民的直接补贴、生产支持、价格支持、流通储备、灾害救济、基础设施、资源与环境保护以及政府间转移支付等各类支出组成，涵盖了农业产前、产中、产后各个环节和主要利益主体的农民支持保护政策体系。

针对农村问题，党的十七大以后，中央侧重于从体制上解决城乡社会保障的差距问题。2008 年，国家提出了 2020 年中国农村改革发展的基本目标和任务，包括“城乡基本公共服务均等化明显推进，农村文化进一步繁荣，农民基本文化权益得到更好落实，农村人人享有接受良好教育的机会，农村基本生活保障、基本医疗卫生制度更加健全，农村社会管理体系进一步完善”等内容。2009 年 9 月，国务院颁布了《国务院关于开展新型农村社会养老保险试点的指导意见》，标志着中国农村社会养老保险制度的建立。2010 年 10 月，国家颁布了《中华人民共和国社会保险法》，确认了新农保的法律地位和政府对新农保的财政责任。2014 年，国务院颁布了《国务院关于建立统一的城乡居民基本养老保险制度的意见》，提出将新农保与城镇居民社会养老保险制度合并实施，并与职工基本养老保险制度相衔接。至此，中国覆盖城乡居民的社会养老保障体系基本建立，基本完成了政策层面上养老保险的城乡统筹发展。

从发展的历史经验来看，城镇与乡村的发展应该是互促互进、共生共存的。推进乡村振兴、重塑城乡关系，要坚持工业化、信息化、城镇化、农业现代化同步发展，走城乡融合发展之路。注重城乡规划共绘，把城乡一体、区域协调、均衡发展的理念落实到规划的编制和实施之中，加强城乡经济社会发展与空间布局、产业提升、建设用地等规划的衔接。注重城乡产业共兴，统筹考虑资源要素、发展基础、产业布局、重大项目，促进城乡劳动力有序流动，使城乡居民在就业、创业中增加收入。注重城乡设施共建，加快农村道路交通、供水供电、农田水利、文化教育、医疗卫生、全民健身等公共设施建设，推进城乡基础设施互联互通、共建共享。注重城乡生态共保，加强生态文明建设和环境保护，落实绿色发展方式和生活方式，坚持人与自然和谐共生，让天蓝地绿、山清水秀的美丽画卷更好地呈现在城乡大地。注重城乡要素共享，促进人才、资金、科技等要素更多、更好地转向“三农”，让农村的机会吸引人，让农村的环境留住人，推动形成工农互惠、城乡互补、全面融合、共同繁荣的新型工农、城乡关系。

二、乡村振兴政策的实施意义

乡村振兴战略提出后，得到了国家的高度重视，随着乡村振兴战略相关政策的不断贯彻落实，我国现代农业发展速度越来越快，广大农民的获得感、幸福感、安全感会越来越充足、有保障，优质、生态、绿色的农产品品种会越来越丰富，农村基础设施和公共服务水平会不断提升，农村社会更加和谐，不断迈向城乡全面繁荣、融合发展的壮美场景。具体来看，乡村振兴政策实施的意义主要有以下几点。

（一）有利于实现社会主义现代化建设战略目标

社会主义现代化建设是我国现阶段的首要任务，这一建设目标的实现需要各方努力，其中就包括乡村振兴战略的贯彻实施。农业农村现代化是国民经济的基础支撑，是国家现代化的重要体现。要实现现代化，就必须实现城乡区域统筹协调，为整个国家的持续发展奠定坚实的基础，并形成强有力的支撑。

从我国经济社会发展实际来看，农业农村发展自改革开放以来取得了巨大进步，现代化水平也在很大程度上有所提高。但我国仍处于社会主义初级阶段，农业、农村是国家全面建成小康社会和进行现代化建设过程中需要补齐的短板；农业受资源和市场双重约束的现象日趋明显，市场竞争力亟待提升；城乡发展差距依然很大，实现农民收入稳定增长以及提高农村现代文明水平的任务十分艰巨。我们必须切实把农业农村优先发展落到实处，深入实施乡村振兴战略，积极推进农业供给侧结构性改革，培育壮大农村发展新动能，加强农业基础设施建设和公共服务，让美丽乡村成为现代化强国的标志，不断促进农业发展、农民富裕、农村繁荣，才能保障国家现代化建设进程更协调、更顺利、更富有成效。

（二）有利于解决我国社会存在的主要矛盾

改革开放后，我国在政治、经济、文化等社会各方面都有了翻天覆地的发展变化，人民生活水平显著提高。我国社会的主要矛盾已经转化为人民日益增长的美好生活需要和不平衡不充分的发展之间的矛盾。当前，城乡发展不平衡是我国最大的发展不平衡，农村发展不充分是最大的发展不充分。加快农业农村发展，缩小城乡差别和区域差距，是乡村振兴的应有之义，也是解决社会主要矛盾的重中之重。无论城镇化如何发展，农村人口仍会占较大比重，即使是城市人，也会向往农村的自然生态，希望享受不同于都市喧嚣的乡村宁静氛围，体验田野农事劳作，品尝生态有机的美味佳肴。当前我国经济比较发达的城市发展水平已经达到了赶超发达国家的程度，但是很多农村地区与发达国家的差距仍是十分巨大的。有些农宅残垣断壁、庭院杂草丛生、老弱妇孺留守、陈规陋习盛行，这些显然就是发展不平衡、不充分的具体体现，必须尽快予以改变。要协调推进农村经济、政治、文化、社会、生态文明建设和党的建设，全面推进乡村振兴，让乡村尤其是那些欠发达的农村尽快跟上全国的发展步伐，确保其在全面建成小康社会、全面建设社会主义现代化国家的征程中不掉队。

（三）有利于增进广大农民对美好生活的向往

“三农”工作需要以人民为中心，要明确农村发展为了谁、发展依靠谁、发展成果由谁享有的根本问题。中国共产党一直以来把依靠农民、为亿万农民谋幸福作为重要使命。这些年来，农业供给侧结构性改革有了新进展，新农村建设取得新成效，深化农村改革实现新突破，城乡发展一体化迈出新步伐，脱贫攻坚开创新局面，农村社会焕发新气象，广大农民得到了实实在在的实惠，实施乡村振兴战略、推进农业农村现代化建设的干劲和热情空前高涨。2018年中央一号文件明确要求，到2035年，乡村振兴应取得决定性进展，基本实现农业农村现代化；到2050年，乡村全面振兴，农业强、农村美、农民富全面实现。只要我们坚持以习近平新时代中国特色社会主义思想为引领，立足国情、农情，走中国特色乡村振兴道路，就一定能更好地推动形成工农互促、城乡互补、全面融合、共同繁荣的新型城乡工农关系，让亿万农民有更多的获得感。

（四）有利于中国智慧服务于全球发展

党的十八大以来，中国围绕构建人类命运共同体、维护世界贸易公平规则、实施“一带一路”建设、推进全球经济复苏和一体化发展等许多方面，提出了自己的主张并付诸行动，得到了国际社会的普遍赞赏。同样，多年来，在有效应对和解决农业、农村、农民问题上，中国创造的“赤脚医生”、乡镇企业、小城镇发展、城乡统筹、精准扶贫等方面的成功范例，已成为全球的样板。在现代化进程中，有效解决乡村衰落和城市贫民窟现象是世界上许多国家尤其是发展中国家面临的难题。我国提出并践行了乡村振兴战略，取得了许多突出的成效，这些经验对其他国家来说都是很有价值的，因此，实施乡村振兴战略有利于让中国智慧服务于全球发展。

习近平总书记在党的十九大提出实施乡村振兴战略，既是对中国更好地解决“三农”问题发出号召，又是对国际社会的昭示和引领。在拥有14多亿人口且城乡区域差异明显的大国推进乡村振兴，实现产业兴旺、生态宜居、乡风文明、治理有效、生活富裕，实现新型工业化、城镇化、信息化与农业农村现代化同步发展，不仅是惠及中国人民尤其是广大农民的伟大创举，而且必定能为全球解决乡村问题贡献中国智慧和中国方案。

三、乡村振兴政策的实施原则

乡村振兴政策的实施需要遵循一定的思路，要明确战略定位，遵循战略实施原则，把握总体要求，才能让乡村振兴的各项政策措施得到有效的落实。实施乡村振兴战略需要遵循的原则主要有以下几点。

第一，因地制宜的原则。我国农村区域多样且复杂，不同地区资源条件不同，发展现状不同，实施乡村振兴的方式也会不同。在政策实施过程中，应该首先对乡村的差异性有充分的了解，分析乡村发展的情况，做好顶层设计，注重乡村的规划，突出规划重点，体现乡村特色，使乡村规划丰富多彩，不要一刀切。

第二，循序渐进的原则。乡村振兴战略实施是一项长期而复杂的事业，不可能一蹴而就，相关研究者和建设者应该保持足够的耐心和信心投身乡村振兴事业，量力而行，循序渐进、稳扎稳打地推进工作，不要搞形式主义。

第三，城乡融合发展的原则。乡村振兴战略的实施不仅需要依靠政府的主导作用，还需要市场机制发挥作用，优化资源配置，推动城乡平等交换、自由流动，推动新型工业化与农业现代化的同步发展，推进信息化与城镇化的和谐统一，实现城乡互补与融合，共创新型工农城乡关系。

第四，全面振兴的原则。要实现乡村振兴，就要尽力挖掘乡村的多种价值与功能，对农村产业、组织、文化、人才、生态等层面的建设进行统筹谋划，注重关联性、协同性，推进协调与整体发展。

第五，改革创新的原则。实施乡村振兴战略，必须不断深化农村改革，扩大对外开放，激活市场与要素，调动各方面的力量参与乡村振兴，不断探索创新道路。

第六，以人为本的原则。农民在乡村振兴中具有主体地位，乡村振兴战略的实施应该努力尊重广大农民的意愿，调动农民的主动性与积极性，让农民不断获得幸福感与安全感。

第七，生态和谐的原则。实施乡村振兴战略必须坚持生态和谐的原则，树立资源节约与环境友好的理念，加强治理，以绿色发展理念引领乡村振兴。

四、乡村振兴政策的实施要点

乡村振兴政策的实施必须坚持中国共产党的领导，以组织建设、人才培养、产业发展、生态建设、文化传承为指引，实现“五位一体”全面发展，努力调动农民的积极性，提升农民参与度，解决实际问题。具体来说，乡村振兴政策的实施应该注意以下几个方面的要点。

（一）要明确村民的主体性

村民是乡村生活的主体，我国大力推进乡村振兴战略的实施，根本目的就在于实现乡村主体的幸福生活愿望。乡村振兴的发起、研究与实施，都要突出主体的参与性和能动性。

发起乡村振兴需要有内生动力提供支撑，这可以是自发的也可以是外部激发的，只有村民自身有发展的意愿、有对更加幸福的生活的追求，乡村振兴才有真正的土壤。内生动力的形成靠有意识、有组织的引导和激发。在制订乡村振兴方案时，应该从调研、初步方案、方案论证到模拟实验等环节，实现全体村民的全程参与。不同阶段，参与人群不同，参与方式也不同，总体要做到公开、透明、动态化。尊重主体的发展意愿，尽量满足主体的发展诉求。

乡村振兴的实施，更需要村民的全力参与。村民要从意识、理念、土地、房屋、精力、财力等各方面参与到集体的振兴行动中，形成统筹共建、和谐共享的格局。另外，乡村振兴战略实施过程中，还需要正确处理政府、第三方服务机构、外来投资运营主体之间的关系。在全面乡村振兴的开始阶段，政府是乡村振兴的主导力量，承担着整体谋划、顶层设计、政策支持、改革创新、分类组织、个体指导、实施评估等任务。第三方服务机构一般是由政府或者村集体聘请来进行乡村振兴规划设计、公共建设、产业运营的机构，承担专业化咨询和建设运营的工作，是乡村振兴中的外部智囊、专业助手，也是保障乡村振兴科学、可持续进行的重要力量。外来的专业投资运营力量是乡村振兴发展的机遇和重要推动力，其通过规模性投资可以加快产业力量形成、提升产业规范化、增加产能，还能进一步推动乡村产业专业化、杠杆化发展。

从中国乡村的发展现状来看，需要尤其注意儿童、老人、妇女等特殊人群的需求。为此，在乡村振兴的顶层设计、方案制订、系统实施过程中，教育、养老、医疗、乡村文化活动都是必须要重点考虑的内容。乡村振兴，要让儿童在乡村里能够得到良好的教育，有适宜的游戏、活动空间，有科学体验和儿童保健场所，成长状况必须有人关心；要让老人在乡村有适宜的休闲、群体活动场所，老人的健康检查和病理看护有良好的保障，高龄老人有所陪伴、有人照料。让老人与儿童之间有安全的，可以得到保障的传承空间、温情的家庭生活。此外，乡村振兴还要摒弃一些文化糟粕，让妇女得到足够的尊重，有同等的教育权、决策权、劳动权和获得劳动报酬的权利，让妇女在乡村拥有追求幸福生活的自由空间。

为给村民提供更好的生活，提升村民的收入，乡村产业的发展还需要构建可持续的、富有竞争力的产业。打造发展平台，为村民提供就业岗位，创造创业空间，让年轻人在乡村能够安放下青春，谋得生活。此外，乡村的文化建设、传统的家庭伦理、村落治理、文明的群众生活秩序，也是人们获得幸福感的重要保障。

另外，还要重视、欢迎那些由于投资创业、消费生活等来到乡村的“新村民”。关心他们的需求，创造便于他们创业、生活的条件和环境，吸引他们来，把他们留住，使他们成为乡村发展的活力群体。

（二）要贯彻落实有机生长的乡村发展理念

乡村振兴是不断发展的，在可持续发展目标的指导下，乡村振兴应该贯彻落实有机生长的发展理念。通过对国内保存较为完整的古村落和城镇进行分析，会发现其选址和建设过程中都十分关注所处的生态环境系统，对山水林田湖草生态系统具备天生敬畏。当下，人类生存并改造自然生态系统的能力在不断增强，在村落的生存发展过程中出现了自然生态系统的缺位发展，这是新的发展阶段需要重点关注的问题。

要贯彻落实有机生长的乡村发展理念，第一，要推动生态环境与产业发展的和谐统一。产业兴旺是乡村振兴的基础，生态宜居是乡村振兴的关键，产业与生态的有机融合，是乡风文明、治理有效、生活富裕的重要支撑。推进产业生态化和生态产业化，是深化农业供给侧结构性改革、实现高质量发展、加强生态文明建设的必然选择。第二，应构建“三生融合”的村落发展空间。“三生融合”是指乡村生产、生活、生态的有机融合，以“三生融合”为原则进行空间规划，需要重新定义村庄发展格局，实现城乡空间的有效融合。村庄生活空间既要考虑村落原有居民和外来群体的舒适度，让人们体验充满乡土文化的生活空间，也要充分考虑村庄居民产业构建、展示和体验的空间，还要完善生态空间，综合考虑村庄生态系统及容量，设置村庄居住人口、产业发展和旅游者接待等上限。第三，构建生态持续的生活系统。我国乡村大多将“天、地、人合一”的生活理念作为重要的生活信仰。传统的生活系统能让人们体验与自然系统的全方位联结关系，让人们享受每天与土壤、水、风、植物、动物的互动，同时尊重大自然的生态循环。建立契合区域生态系统的生活方式，包括构建村庄生活公约，从能源、材料、食物等多个方面实现生态可持续发展。第四，贯彻落实生态建设原则。村庄在建设过程中的材料运用、技艺运用、景观环境打造要全面落实生态建设理念。建筑材料的选择要凸显与区域环境匹配的乡土性；乡村景观植物的选择要凸显区域气候特色，考虑区域气候、土壤、光照、水文等因素的影响选择地域特色植被，同时尽力提高生物多样性；乡村技艺环境要突出工匠精神，挖掘村庄及富有地域特色的木工、编织、彩绘和建造等技艺。

（三）推动相关制度改革

实施乡村振兴战略，需要制度与政策的支撑，应不断创新、改革相关政策和制度，建立健全动力体系。

第一，要推进土地制度的创新改革。这直接影响农业农村发展，是乡村振兴战略的一项重要内容。以四川省仁寿县土地制度改革为例，为有效激活土地要素，仁寿县搭建了土地流转服务平台，实现农村土地资源在县、乡、村内实现三级流转，成立县农村产权流转交易服务中心，除控规控建的个别乡镇之外，48 个乡镇全部建立了乡镇土地流转服务机构，452 个村成立土地流转服务站，为社会资本进入乡村提供了便捷化服务，解决了社会资本在土地流转中直面群众协商困难、难以规模流转、基础设施投入成本高等问题。

第二，要推进资金政策改革创新。资金短缺是限制我国农业农村发展的主要因素之一，是实施乡村振兴战略必须解决的一个关键问题。根据我国农业、农村的实际发展情况，我国政府提出要加快形成财政优先保障、金融重点倾斜、社会积极参与的多元投入格局，确保投入力度不断增强，总量不断增加。为了拓宽农业农村的资金获取渠道，政府部门应该制定相应的鼓励政策，建立健全乡村金融服务机制，打破现有的乡村发展金融供给不足的瓶颈。同时，创建新型金融服务类型，鼓励投资金融主体多样化，获取投资和可持续发展的资金，引导乡村筹建发展基金，合法合理放开、搞活金融服务机制，打破乡村发展信贷瓶颈。创新农村金融服务机制，推广绿色金融、生态金融、共生金融理念，探索内置金融、普惠金融等新型农村金融发展模式，实现金融服务对乡村产业、乡村生活全覆盖，为乡村建设助力。

第三，要推进人才政策改革创新。充足的人才储备是乡村振兴的重要前提和保障，因此必须重视人才培养。政府应出台一系列针对乡村振兴的人才政策：一是针对本土人才的政策，包括本土人才的选拔、培养、激励等，给出资金、体制、机制、税收、共建共享等方面的整套政策；二是针对外来人才的政策，应针对如何吸引、鼓励外来人才来乡村就业、创业，如何留住外来人才，如何产生人才带动效应等出台系列政策。要发挥各市场主体的作用，建立健全政府引导、市场配置、项目对接、长效运转、共建共享的人才振兴工作机制。鼓励本土外流人才还乡，源源不断地自生人才、召回人才、吸引人才，形成多元共建、充满活力的乡村人才振兴局面。

（四）推动产业协调发展，构建共建共享机制

乡村振兴的一项重要内容就是实现农业农村各相关产业的协调发展，村集体经济的壮大则是实现乡村产业振兴的重要基础，也是最终实现乡村振兴可持续的保障。

壮大村集体经济是实现乡村振兴战略目标的必然选择，在此过程中需要注意以下几个方面的内容。第一，要打造一个具备绝对领导力的村两委领导班子，在村民自愿的基础上，成立村集体合作社或专项合作社。第二，对

村内零星分散或者闲置的土地、房屋、草场、林地、湖泊、废弃厂房等进行整理，并请专业机构评估，将资源变为资产，并将其纳入村集体合作社，进行统一规划、开发、经营、利用。第三，依托合作社，引入社会企业，成立股份公司，让村集体与社会企业竭诚协作，共同构建实施乡村振兴发展的企业。第四，拓展产业发展内容，依托乡村产业基础和文化生态资源，推进乡村手工文创、农林土特产品、文化生态旅游、农副产品精深加工、田园养生度假、乡村健康养老等产业内容的发展更新。第五，坚持推动村民的共建共享，将村民纳入村集体社会经济发展的平台，农民通过土地入股、技术入股、房屋入股和劳动力入股等方式获得相应的分红。第六，建设村民创业发展公共平台，为村民自主创业提供资本、技术、设备、培训和场地等方面的支持。

（五）构建现代泛农产业体系

随着现代技术的不断发展，传统农业产业结构已经不能适应农业现代化建设的需求，因此，现阶段的乡村振兴也要求对原有产业结构进行适当的优化升级。对此，应坚持以市场需求为导向，找准方向，按照第一、二、三产业融合发展的理念，提升农业农村经济发展的质量和效益。在产业类型上既要对传统农业进行提质增效，又要在市场需求的基础上进行跨产业整合，实现农业与旅游的融合、农业与文化的融合、农业与养老的融合、农业与健康等产业的融合，延长产业链、拓宽增收链，构建现代泛农产业体系。

现代社会是信息化社会，信息技术已经渗透到人民生活的方方面面，这一技术也应在乡村振兴战略实施中发挥其应有的价值。乡村振兴应该以乡村产业发展为中心，依托大数据，灵活运用互联网、物联网、区块链等先进科学技术，打造产业运营平台、资源整合平台、产品交易平台、品牌营销平台、人才流动合作平台、项目对接平台、乡村文创平台等，凝聚力量促进乡村产业兴旺发达。要以特色突出、优势明显、竞争力强大为原则，构建乡村现代泛农产业体系，同时，要深挖产品价值，培育市场需要且具有很强增长性的新业态。以乡村旅游为例，就可以根据已有资源和条件，开发乡村共享田园、共享庭院、民宿、文创工坊、亲子庄园、养老庄园、电商基地、采摘园、乡野露营等业态，这些都需要村集体、村民创业者、外来投资者多方共建。

（六）重视农村精神文明建设

乡村的精神文明建设也是乡村振兴的重要组成部分，在战略实施过程中，必须将继承保护和创新发展乡村文化作为一项重要任务。乡村文化拥有独立的价值体系和独特的社会意义、精神价值。在乡村振兴的推进过程中，首先要保护乡村的灵魂，要保护好乡村文化遗产，组织实施好乡村记忆工程，要重塑乡贤文化，要传承传统优秀民俗。

文化是乡村发展的重要支撑，在乡村振兴战略实施中，应传承和发展乡村精神，并根据现代化要求提炼和创新这些精神文化，建设符合乡村振兴需要的时代文化堡垒。充分挖掘乡村传统文化的底蕴、精神和价值，并赋予时代内涵，发挥其在凝聚人心、教化育人中的作用，使之成为推动乡村振兴的精神支柱和道德引领。大力提升乡村公共文化服务水平，丰富乡村公共文化生活，让本土村民、乡村新居民能够享受到丰富的文化生活，创建新的乡村文化体系。

通过建设乡村文化 IP 传承和发展乡村精神文化是一个可以获得良好效果的途径。让文化创意产业成为乡村富民的重要产业支撑，文化创意产业可与乡村其他各项产业融合发展，提升乡村产业附加值。对于乡村振兴来讲，打造爆品 IP 可以提高乡村知名度与识别度，形成竞争力。在乡村振兴中要尽可能培育具备自身特色或导入具备市场影响力的 IP，以推动乡村产品的附加值、识别度、影响力和吸引力提升。

五、乡村振兴与乡村景观设计的关系

乡村景观设计涉及产业发展、生态建设和文化宣传等多个角度的内容，是乡村振兴战略实施中的一项重要内容。设计实施适合乡村发展的景观，对乡村振兴具有重要的推动作用。

从乡村振兴服务村民的目标定位来看，乡村景观设计是提升村民生活水平、提升村民幸福感的重要途径。从产业振兴的角度来看，乡村景观设计有利于增强乡村对外的吸引力，为乡村各项产业发展提供宣传，特别是有利于促进乡村旅游业的发展。从生态振兴的角度来看，乡村景观设计有利于改善乡村生态环境，激发村民保护环境的意识，推动村民共同建设美丽乡村。从文化宣传的角度来看，乡村景观设计可以将乡村中一些分散的或无形的文化集中、有形、直观地展示出来，从而提升村民的文化认同和文化自信，宣传我国众多分散在各个农村的优秀传统文化，同时，还能让现代文明在农村得到很好的宣传，潜移默化地影响村民，提升村民的文化素质。

2023年的中央一号文件对建设宜居宜业和美乡村作出了重点部署，这是对乡村建设内涵与目标的进一步丰富和拓展，该文件要求实现乡村由表及里、形神兼备的全面提升，硬件、软件两手抓。其中，硬件方面就是要逐步让乡村具备现代化生活条件，对此，需要着力提升乡村人居环境，建设和完善乡村基础设施，提升乡村基本公共服务能力，乡村景观设计就是完成这些目标的重要路径。另外，从软件方面来看，建设宜居宜业的和美乡村需要塑造人性和善、和睦安宁的乡村精神面貌，乡村景观是乡村精神文明的一种重要体现，优秀的乡村景观设计可以潜移默化地滋润人性、教化人心和凝聚人心，对和美乡村的“软件”建设无疑是有益的。

第一章

乡村景观的相关概念与内涵

乡村景观是一个完全有别于城市景观的景观设计领域，人们对于乡村景观的研究最早是从文化景观开始的，相关研究成果已经十分丰富。但随着社会的发展，人们对景观设计的要求不断改变，乡村景观的研究也需要不断更新。要研究乡村振兴背景下的乡村景观设计，首先要对乡村景观的相关概念与内涵有一个基本的了解。基于此，本章将对景观与乡村景观的概念进行阐释，并对乡村景观的特征、要素、类型和价值进行分析。

第一节　景观与乡村景观

人们对于一个概念的界定总会有长久的讨论，不同的人站在不同的角度会有不同的看法，很多产生许久的概念至今也没有一个公认的界定标准。景观与乡村景观的概念界定也经历了漫长的过程，呈现出复杂性的特征。乡村景观是景观的一种类型，要理解乡村景观的概念和内涵，首先要对景观的内涵有基本的了解。

一、景观

“景观”一词最早见于希伯来文本中的《圣经·旧约》，被用来描写所罗门王城，即耶路撒冷的瑰丽景色。14 世纪，意大利画家安布罗吉奥·洛伦泽蒂通过壁画表现手法，对意大利的城市和乡村景观进行了生动的描绘，打破了传统创作中景观作为绘画装饰无足轻重的观念，使景观成为一种必不可少的描绘对象。到了 16 世纪，英语语系中开始引入“景观”一词，即 landscape。

landscape 中的 land 一词被公认为来源于德国，指代人们所拥有的土地，而 scape 则有形状（shape）的含义。从这一角度来理解，landscape 作为一个学科专有名词，可以被解释为花园、景物、园林、风景名胜、自然保护区等。不同国家对 landscape 概念的界定有一定的区别。在美国，

landscape 指的是与土地相关的空间环境与资源；在中国，landscape 近义于“山水”；在日本，landscape 指的是“园林”。因此，不同理解赋予了 landscape 一词不同的含义。

根据《辞海》对“景观”的解释，对景观的理解可以有三种。第一，作为一般概念，景观泛指地表的自然景色；第二，作为特定的区域概念，景观专指自然地理区划中起始的或基本的区域单位，是发生上相对一致和形态结构同一的区域，即所谓的自然地理区；第三，作为一种类型概念，景观是一种类型单位的通用称呼，指相互隔离的地段按照其外部特征相似性，归为同一类型单位，如草原景观、森林景观等。

2000 年，欧洲颁布了《欧洲景观公约》，该公约认为“景观是受自然和人类因素的作用和相互作用的影响而产生的被人类感知的地区。景观是重要的，不是因为作为风景或者背景，而是因为它连接文化与自然、过去与现在。景观有很多价值，但不都是有形的；它关乎人类也被人类评价，并且为人类的生活提供环境。它强调景观的整体性，不仅是某一小部分的景观，也用于任何地方和任何条件的所有景观——土地、地下水，潮间带、海洋、自然、乡村、城市和郊区，可以是秀美的、普通的或退化的”。[1]

“景观”是一个具有复杂性和多义性特征的词语，从视觉美学、地理学与生态学等不同的层面来研究，它会体现不同的含义。从视觉美学的层面看，景观是主体进行审美的主要研究对象，与“风景”“景色”“景致”同义。在 20 世纪 60 年代，美国的景观评价理论研究就将景观的视觉审美价值作为研究的重点。从地理学的层面来看，“景观”的含义类似于“地形地貌”，相关学者的研究重点主要在于空间结构和历史演化方面。德国地理学家洪堡德首次将景观概念引入地理学，强调景观的综合性并将其定义为“自然地域的综合体”，认为景观是气候、水、土壤、植被等自然要素及文化现象所组成的地理综合体。被称为“文化地理学之父”的美国地理学家索尔在 1920 年时将景观看作地理学研究的对象，并把景观定义为“一个由自然形式和文化形式的突出结合所构成的区域”。从生态学的层面来看，景观多强

[1] 鲁苗：《环境美学视域下的乡村景观评价研究》，上海社会科学院出版社，2019，第 17 页。

调生态功能的结构。1939 年，德国地理学家特洛尔首次提出了“景观生态学”的概念，他把景观看作人类生活环境中“空间的总体和视觉所触及的一切整体”，把陆圈、生物圈和理性圈都看作这个整体的有机组成部分。1968 年，德国学者布奇华进一步强调景观是由生物圈和陆圈组成的综合空间，并能在这个生物系统中相互作用和产生联系。1984 年，拉维尔德从生态区、地相、地系与总体结构四大部分对气候、水文、地形、植被、土壤、动物与岩石等景观要素的关系进行了系统划分。

由上述分析可知，“景观”实际上是一个比较宽泛的概念，当它被应用到不同学科之中时，会有不同的概念界定。从有史以来西方众多学者的不同论点来看，“景观”有着十分丰富的内涵和外延，具体来说，大致有以下四点：第一，景观是人类进行视觉审美的对象；第二，景观是人类生活的栖息地；第三，景观不仅是具有结构和功能的生态系统，还是一个内在与外在相互联系的有机系统；第四，景观记载人类过去，表达人类的希望与理想，是人类赖以认同和寄托的语言和精神空间。

20 世纪 30 年代中期，中国建筑学家陈植在《造园学概论》一书中使用了“景观”一词，词语含义类似于“风景”“景色”“景致”等。从构成上来看，可以将“景观”分为“景”和“观”。“景”代表了一种客体，其呈现方式可以是多维度、多层次的，包括自然景观、社会景观、历史景观、文化景观、城市景观、乡村景观等内容。而“观”则从主体性角度出发，是一种观看之道，包括观看的主体、观看的对象、观看的视角、观看的内容、观看的方法等。“景”与“观”构成了主体与客体的一致关系，它既是一种天人合一的哲学体验，也能够反映出科学与艺术结合的现实实践。

在德国哲学家海德格尔的哲学理论中，“景观”是“此在”，它存在于大地与世界中，是人们可以依靠视觉看到的一切存在物，它的外延超出了自然地理学的范围，还指向建筑、雕塑以及植物、动物等。1957 年，陈传康在《景观概念是否正确》一文中指出，景观是指反映任一地区自然综合情况的形态，而一切自然地理综合体的分类单位也都可以是“景观”。在他看来，对景观的研究不应该局限于对景观的描述。

20 世纪 80 年代以来，中国在关于“景观”与“风景园林”的学科命名问题上展开了长久的讨论。学者俞孔坚认为 Landscape Architecture 更适合译为“景观设计”，而“风景园林”与国际社会所说的Landscape Architecture并非一类，更应该对应的是19世纪下半叶人们所说的Landscape Gardening。对于“景观”的理解，俞孔坚认为其“更偏向于先科学后艺术的理念，是解决一切与人类使用土地及户外空间相关问题的手段。”刘滨谊则将景园境界、山水、风光、景致元素等客观存在的形式称为“景观”。彭一刚在《中国古典园林分析》中，从功能层面说明“景观”应该包括“景观”和“观景”两层含义。肖笃宁通过从生态学角度的研究，指出“景观”是一个由不同土地单元镶嵌组成，且有明显视觉特征的地理实体，它处于生态系统之上，大地理区域之下的中间尺度，兼具经济价值、生态价值和美学价值。清华大学建筑学院的杨锐教授归纳了“景观”所包含的八层内容，即道、德、礼、数、用、制、向、意。清华大学美术学院的宋立民教授从国家战略的角度提出，景观是国土资源的重要组成部分，中国应从国家层面关注本国国土景观资源的保护与合理开发，尽快推出具有中国特色的景观资源评价体系。他认为，在中国新的城镇化开始之前，应通过景观评价清点中国的景观资源。

总的来说，景观是一种资源，它既包含了一种审美价值，又展示了一种消费文化，在不同时期、不同领域体现着不同的含义，它可以从不同的角度被归纳成不同的类型。因此，景观设计也是一门十分复杂的学科，是科学与艺术的结合，在具体设计中需要考虑多方面的因素。

二、乡村景观

在景观的分类中，乡村景观是与城市景观相对的一个概念，它是随着人类农耕文明的产生而出现的，与人类种植、生产等活动密切相关。乡村景观是在人类上千年的演化中自然形成的，由于人类的开垦、种植和聚居，最终刻上了斧凿的印迹。中国关于乡村景观方面的研究可以溯源到梁思成先生对中国古村镇建筑的分析。与乡村景观相关的研究主题还包括“农业景观”“田园景观”与“乡土景观”等，随着乡村建设的发展，有关乡村景观的研究开始拓展到多个学术领域。西方学者率先开始乡村景观研究工作，如美国地理学家索尔从文化景观的角度对乡村景观进行了分析；西欧地理学家也对乡村景观进行过研究，认为乡村景观包含文化、经济、社会、人口、自然等因素。在社会地理学家眼中，社会变化对乡村景观发挥着重要的影响作用，他们把乡村社会集团看作影响乡村景观变化的活动因素。

虽然乡村景观的产生是伴随人类农耕文明而形成的，但将其作为一个专门研究领域的时间还比较短，特别是在我国，乡村景观的研究算是一个比较新的研究领域，相关研究目前还不成熟，且乡村景观本身就具有多样化的特征，这决定了对其概念界定的复杂性。与“景观”一样，我国对“乡村景观”这一概念的研究也有着学科领域的区别。根据现代一些研究资料可知，乡村景观以集镇为中心，四周散布着村落，对于其具体所指范围的界定，不同的学者有不同的观点。谢花林从景观生态学的角度出发，认为乡村景观是乡村地域范围内不同土地单元镶嵌而成的嵌块体，既受自然环境的影响又受人类经营活动和经营策略的影响，兼具经济、生态、社会和美学的价值。刘滨谊认为，乡村景观在范围上是指城市建筑区以外的广阔空间，包括乡村聚落、农业生产与自然生态三大类景观类型，对应生活、生产与生态三个层面，具有美学，娱乐、生态等功能。王云才认为，乡村景观是具有特定景观行为、形态、内涵和过程的景观类型，是聚落形态由分散到农舍再到提供生产和生活服务的集镇所代表的地区，是土地利用以粗放为特征，人口密度较小、具有明显田园特征的景观区域。金其铭等人提出乡村景观是在乡村地区具有一致的自然地理基础，利用程度和发展过程相似，形态结构及功能相似或共轭，各组成要素相互联系的、协调统一的复合体。

虽然各位学者的表述各不相同，但都认同乡村景观是一个综合性的景观类型，我们可以根据乡村景观的构成情况，将其理解为以下几种含义。第一，从地域范围来看，乡村景观是指城市景观以外的景观空间，包括了从都市乡村、城市郊区到野生地域的景观范围；第二，从景观构成上来看，乡村景观是由乡村聚落景观、乡村经济景观、乡村文化景观和自然环境景观构成的景观环境整体；第三，从景观特征上来看，乡村景观是人文景观与自然景观的复合体，人类的干扰强度较低，景观的自然属性较强，自然环境在景观中占主体地位，景观具有深远性和宽广性；第四，乡村景观区别于其他景观的关键在于，乡村以农业为主的生产景观、粗放的土地利用景观以及乡村特有的田园文化和田园生活；第五，乡村的聚居性与乡村的农业生产景观表现出乡村景观的独特特征，乡村聚落景观与乡村农业景观是组成乡村景观的重要部分，按照景观生态学的理论，乡村聚落可以看作乡村景观的斑块，乡村的道路、河流、水渠是乡村景观的廊道，乡村的农田是乡村景观的基质。

综合来说，乡村景观是由自然环境与人居环境组成的共合体，是由生产、生活、生态组成的景观综合体，涉及社会、文化、经济、习俗、美学等多个层面的知识。到目前为止，人们对乡村景观这一概念的争议还没有停止。但不可否认的是，要研究乡村景观设计的理论与实践，就必然会涉及多个学科层面的知识。

第二节　乡村景观的特征分析

乡村景观之所以成为一个难以准确界定的概念，一个重要原因就在于它有着多样性的特征。分析乡村景观的自然特征和形成特征，有助于我们更好地理解乡村景观的概念。

一、乡村景观的自然特征

从地理学的层面理解乡村景观，它首先是一个自然的概念，包括地形、地貌、气候、土壤、水文、植被等环境要素。经过大自然的鬼斧神工，乡村景观在不同的时空中发生着一系列的变迁，包括从无到有、从乡村发展为城市、从天然场所发展为人文之地等，乡村景观的发展历史可以说是一部融合了历史、政治、经济、文化、艺术和科技等因素的宏大历史。乡村景观具有的“自然性”是其社会属性形成与发展的前提。具体来看，乡村景观的自然特征主要体现在以下几个方面。

（一）地理特征

中国有着丰富多样的地形地貌，地势以青藏高原为基点，西高东低，呈阶梯形向太平洋方向递减，东部地区地势较为低平，中部地区有着复杂的自然环境条件和起伏明显的地势变化，西部地区则有着较高的地势，有着世界上最高的山峰——珠穆朗玛峰。中国是世界上高程差最大的国家，这种独特的地势条件，促进了区域内暖湿海洋气流的循环，也加强了东西海洋景观与陆地景观之间的联系性。因此，中国地貌格局形态由山地、高原、盆地、丘陵、平原等组成并呈现出高低起伏的形态，通过不同走向的山脉的相互交织形成网格状的布局形式。复杂的地势条件和类型繁多的地貌情况为中国孕育了十分丰富的自然资源，决定了中国乡村景观之间巨大的差异性。

多样的地理条件既让中国形成了各种风格迥异的乡村景观，也为各地打造特色的村落景观提供了基础，因此当代乡村景观评价不能简单化和模式化。乡村景观受地理特征的影响自然形成，其中，决定土地利用的重要因素在于坡度高低，正因如此，海拔较高的地区会出现奇特的山地垂直景观；山区景观和农业生产与地貌特征有着紧密的联系，如云南的梯田景观，就是依据地形的等高线进行修田，而自然形成的乡村景观。

（二）气候特征

气候也是影响乡村景观的重要因素之一。中国的气候具有季风盛行、气候类型复杂多样等特点。其中，季风盛行是中国气候较为典型的特点，不同区域的不同季风对气候也造成不同影响，如黑龙江流域冬季寒冷漫长，夏季温度适中，而黄河流域夏季气候炎热、冬季温暖，长江流域则气候适宜、植物繁茂。中国的气候类型多种多样，包含热带、亚热带、暖温带、温带、寒温带五大气候类型，各种气候温差变化较大，具有显著区别，这使中国的自然资源丰富多彩。从干湿气候变化来看，中国西部地区气候干旱，阳光充足，东部地区则湿润多雨，自然景观也由东至西从森林景观向沙漠景观转变。另外，中国的山脉较多，从复杂的山脉中可以观察到山地气候呈垂直变化趋势。

中国复杂多样的气候特征还为动植物的生长提供了适宜的地理条件，也为丰富中国的乡村景观提供了有利环境。中国各区域气候的差异，对乡村的建筑布局有明显的影响，例如北方的四合院、南方的干栏式建筑、西北的窑洞以及东南地区的徽派建筑等乡村景观，都有着深深的气候烙印。

（三）土壤特征

在农业社会中，土壤是影响农作物生产的重要因素。对于自然景观和农业景观而言，土壤是决定乡村景观异质性的一个重要因素。土壤的形成同样与季风气候、地形地貌、植被息息相关，由此形成了丰富多样的土壤类型。土壤资源包括黑土、冲积土、黄土、水稻土、红壤、草原土等。在乡村景观中，不同的土壤适宜不同植被和农作物的生长，故形成的景观也各具特征。

（四）植被特征

受地形条件和气候条件等影响，中国境内蕴藏着极其丰富的植物资源，且种类繁多，包括针叶林、阔叶林、草木植物资源、野生植物资源等，作为乡村景观重要构成要素的农田植被也是其中重要的一部分。针叶林是中国分布最为广阔的森林植被类型，其主要树种有落叶松、云杉、油松等。阔叶林在全国均有分布，以秦岭—淮河以南地区的植物种类尤为丰富，如樟树、黄檀、女贞等，生长迅速，易生成林。此外，生长在秦岭以北辽阔草原上的植物资源也极其丰富，仅北方草原上的牧草种类便有四千多种，如禾本科、百合科、豆科等。不同的植被类型对地形、土壤、气候都会产生不同的影响，形成不同的乡村景观。

（五）水文特征

水资源是人类赖以生存和发展的必要条件，是农业生产的重要源泉。目前，全世界用水量最大的部门就是农业。水资源重要的地位及其特殊的审美性使水文条件也成为乡村景观的重要元素，而且是最具活力的要素。

中国的水域面积广阔，有五千多条河流贯穿大江南北，为中国乡村提供了优裕的自然环境。中国西高东低的地势条件促成了河流总体由西向东流的走势，河流穿过山地然后逐渐形成峡谷，巨大的高低落差形成了极其丰富的河流景观。而河网密度受降雨、地貌环境的制约呈东南往西北递减，山区多于平原、南方多于北方。长江是我国最大的水系，呈现出流量大、汛期长、水位变化小、含沙量较小及上游坡陡、流急、水资源丰富和中下游坡度缓、水流平稳，利于农作物灌溉的水文特点。作为中国第二大河流的黄河，流经九省，具有水量少、水量不稳、含沙量大、洪水大等水文特征。

中国还有着众多的天然湖泊，分为淡水湖、咸水湖和盐湖三大类，根据湖泊水文特色、形成因素的不同，可分为东部平原湖区、东北山地与平原湖区、蒙新高原湖区、青藏高原湖区、云贵高原湖区五大湖区。此外，中国的冰川主要分布于西部四千米以上的高山、高原地区。各冰川的高度随山地雪线高低的不同而变化，呈自北向南升高的趋势。水景观设计，是古往今来景观规划的重中之重，相较于城市人工营造的水景，乡村景观中的水景大多自然天成，而无数的河流、湖泊和冰川等水资源也构成了中国广袤地域上瑰丽的乡村景观。

二、乡村景观的形成特征

中国乡村景观除了因地理、气候、土壤、植被、水文等构成要素的千差万别而表现出具有地域性的、风貌各异的景观特征外，这些具体地域的景观又会随着时间的演进而不断变化，其最终呈现形态不会是一成不变的。事实上，每一时期乡村景观的变化特征都可以算是这一地区历史发展的一种缩影。在广阔的空间中，中国的乡村景观也以其自然特征的差异性塑造了不同的审美偏好与评价标准，反映了人与自然之间的关系。根据乡村景观的形成特征，可以总结出其具有以下几个方面的特点。

（一）生产性

乡村景观与人们的生存、生活息息相关，乡村景观的形成过程其实就是使用者为了满足生产的需要对原有乡村地区的土地进行完善、修整和创造的过程，这种行为本身是以生产、实用为功能目的，因此，生产性是乡村景观最基本的特点。

（二）自发性

传统乡村景观的形成并不是完全用“设计”制作出来的，也并非完全由自然来形成的。乡村景观其实是在“劳作”中自发形成的，是村民利用他们所能获得的知识和技能，在最低能耗下去满足生产、生活和居住的需要的过程中形成的。虽然一些局部的景观或多或少地带有使用者的主观意愿，但最终形成的整体却是一种“集体无意识”的形态，因此，传统乡村景观的形成具有自发性。事实上，正是由于乡村景观的自发性，乡村景观本身就有它自身生长、演变的过程，它本身所体现出的地貌条件、植物条件、文化内涵和历史文脉也都是属于这个地块本身上的“自然”，是一种自然而然，因而也具有一种乡土性或者地域性的特点。

在现代，研究乡村振兴背景下乡村景观设计的理论与实践，就必须发挥人的主观能动性，有意识地去设计景观，这与传统乡村景观的形成特征是有明显区别的。如何在设计中让乡村景观保留自发形成时的那种自然感，避免人的主观性所带来的矫揉造作的感觉，是进行现代乡村景观设计时需要思考的重要问题。

（三）地域性

乡村景观是自发或半自发形成的，受所处地域影响较大。从乡村景观的构成来看，构成乡村景观的自然要素和人文要素都具有明显的地域性特征，因此乡村景观的最终呈现形态会因地域的自然地理特点、人文特点差别较大。在全球化的今天，城市建设越来越趋同，因此乡村的地域性特点也就备受人们的关注。

（四）生态性

理想的乡村景观要能够体现生态保护的理念。农民在进行农业耕作的时候，因地制宜，充分尊重当地的独特特征，发展和自然环境相协调的土地利用方式，融入更多的自然因素，促成景观的丰富性和各种要素的协调。生物多样性、景观丰富性和各种要素的协调性三者共同构成了乡村环境的生态美。具有生物多样性的半自然栖息地是一种让人感觉舒适的乡村环境，如聆听小鸟的悦耳鸣叫，就是乡村环境感受的一部分。

（五）审美性

乡村景观的形成是农民在与自然力的不断较量、试探过程中，懂得了如何去规避大自然的暴躁，又如何享受大自然的温存，反映了人对自然的依存和适应。因此，乡村景观所体现出来的大自然的欣欣向荣以及亲切宜人的田园风光，具有审美性的特点。

（六）文化与历史的体现

从乡村景观的形成历史还可以看出，乡村景观是文化与历史的体现。乡村有良好的生态环境和田园风光，是人类生活和生产的一个重要空间，有人类文明的存在。村民是乡村的构成主体。乡村景观体现了人们对环境的适应思想，也承载了社会文化的有机成分，表现了人与人、土地以及社会之间的联系。从乡村景观中，可以看出乡村的自然与社会发展历史，任何一棵参天大树，任何一处断壁残垣，都是历史的见证。所以，其在表现乡村社会文化发展状况方面体现着自身独特的价值。

第三节　乡村景观的要素与类型

从对乡村景观的理解来说，乡村景观是在一定区域内存在的，体现着一定区域内景观独特特征的主体景观类型。乡村景观的基础建立在自然景观之上，但是其中又蕴含着起主导作用的人文因素，因此乡村景观不只是简单的自然景观，而变成了一种自然与人文景观相互融合的景观综合体。每个人观察乡村景观的角度存在差异，对乡村景观要素与类型的认识也就不一样。只有理解乡村景观的要素与类型，才能具体地着手乡村景观设计的实践，分析出设计中可能会涉及的内容。

一、乡村景观的构成要素

目前，人们在乡村景观构成要素上还没有形成统一的认识。一般来说，乡村景观的构成要素包括物质要素和非物质要素两种。物质要素就是指我们视觉上能看得见的构成要素，又可以分为自然要素和人工要素两种，具体包含地形地貌、水体、植被、建筑物、构筑物和铺装等景观要素。非物质要素则是指在长期与自然环境相互作用的过程中，人类在了解、感受、适应、利用、改造自然和创造生活的实践中，形成的历史文脉、民风民俗、民间信仰、民间艺术审美等，其往往蕴藏在构成乡村景观的物质要素之中。[1]

（一）自然要素

自然要素由地形地貌、土壤、气候、水文、动植物等要素构成，这些自然要素构成了乡村景观的基础。并且，自然要素在乡村景观的构成中发挥的作用各不相同。尽管某些自然要素能够形成一个地域的宏观景观特征，如地形地貌，但是整体景观特征的形成还是需要各个自然要素的共同作用。

1.地形地貌

地形地貌要素在乡村地域景观形成的过程中发挥着最基本的作用，在地形地貌的基础上，乡村地域的景观基底才得以最终形成。平原、丘陵、山地、盆地、高原这五大类型的地形地貌划分依据是自然形态的差异。地形地貌的不同坡向、坡度和高度，直接影响了乡村景观的风貌，造就了千姿百态的乡村景观。地形地貌与气候、植被等其他自然要素相比，在视觉上有着更加明显的特征，每一种地形地貌都有着各不相同的下垫物质、土壤以及植被，地形地貌也因此成为景观分析与景观类型划分的基本依据。

地形地貌在使乡村景观的空间特征得以改变的同时，也造就了农业景观、自然景观与村镇聚落景观在不同海拔高度上的差异。第一，海拔高度破坏了自然景观的地带性规律，出现了山地垂直地带，气候、植被、土壤与坡度都随着海拔高度变化而变化。另外，山地的坡度和坡向还具有重要的生态意义。坡度影响地表水的分配和径流形成，进而影响土壤侵蚀的可能性和强度，可以说，坡度是决定土地利用的类型与方式的关键因素。坡向则使局部的小气候发生变化，迎风坡向降水、光照等都会普遍大于背风的坡向，这对

---

[1] 王云才：《现代乡村景观旅游规划设计》，青岛出版社，2003，第73页。

植被分布与长势影响很大。第二，山区地势起伏较大，耕地都是一小块一小块沿山势分布，有的耕地分布在山谷沟壑之间，面积却十分狭小，因而山区的农业生产景观与平原完全不一样。第三，地形地貌对于村镇聚落景观的影响也很明显，这一点在山区尤其显著。从中国传统山地村落的建筑选址与民居建设上能够很明显地看出人们对自然地形地貌的顺应，据此创造出地理特征突出、景观风貌多样的自然村镇景观。即使一个地域的单体建筑形式大同小异，一旦与特定的地形地貌相结合，便形成千姿百态的建筑群，从而极大地丰富了村镇聚落整体的景观类型。

2. 水体

水是地球上一切生命体生存都无法离开的基本要素，对人类来说，水与空气、食物、住所同样重要。人们对水的依赖使其产生了用水生活、造景的本能。在乡村，水可以用来灌溉稻田、花园、草地、绿地等，并与这些区域元素共同组成乡村景观。现代社会，水不仅是人类的生命所必需，同时也为人类生产娱乐提供保障，人们还会利用水体人工造景。

乡村景观中，水往往存在于河流、水沟、水井以及池塘，其中又以河流最为自然；水沟、水井更多是用来引导与灌溉，池塘则是为了调节降水不均而形成的。

3. 植物

中国是一个植物资源十分丰富的国家，有近 3 万种高等植物。在中国几乎可以看到北半球各种类型的植被，其中，农田植被占全国总面积的 11%。植被的类型与当地的土壤条件、气候条件、地形条件等联系密切，可以说一个地方的植被就是专为当地的土壤、气候、地形等条件而生的，有着极为良好的适应性。当然，在特定土壤、气候、地形等条件下生长的植被也就由此构建起来并成为富于某种特征的植物景观。

植被的类型多种多样，有草原、森林、荒漠植物、冻原等，其划分结果是根据植物群落的结构与性质得出的，不同的植被类型在生态环境与结构特征上存在较大的不同。从植被类型的区域特征上看，中国的植被主要分为八个区域，分别为寒温带针叶林区域、温带针阔叶混交林区域、温带草原区域、温带荒漠区域、暖温带落叶阔叶林区域、亚热带常绿阔叶林区域、热带季雨林和雨林区域、青藏高原高寒植被区域，各自有其景观特征和分布范围。

乡村景观中最能体现多样性特征的要素就是植物景观。植物本身具有生命力，其生长变化以季节变化与生产速度为依据。因此，在乡村景观中对植物进行设计的可能性是最大的。乡村景观设计者只有将那些带有乡土特色的植物进行合理搭配，才能让乡土植被景观更加多样化。

4. 动物

在自然生态系统中，野生动物占据着极为重要的地位，它们是整个生态系统中不可缺少的一部分，生态环境的健康和谐离不开野生动物。中国有着十分适合野生动物生存繁衍的自然条件，在乡村生态环境中，野生动物能够自在地生存、繁衍。例如，作为世界上濒危鸟类之一的朱鹮在历史上常见于俄罗斯的远东地区、中国东北部，以及朝鲜、日本等地，但受人类活动的影响，20 世纪中期以后就只能在中国见到朱鹮了。中国虽然有朱鹮，但其数量还是因为人类对其栖息地的破坏而急剧减少，朱鹮不得不在更高海拔的地区寻求新的栖息地。1981 年，中国在海拔 1356 米的陕西洋县姚家沟，发现了消失 17 年之久的野生朱鹮，并建立了朱鹮保护站。当地村民和朱鹮逐渐建立起了深厚的感情，村民们将之亲切地称为“吉祥之鸟”。为了让朱鹮在这一区域安心繁衍，村民不再使用农药，这样虽然降低了农作物产量，但是保证了朱鹮能够获取到安全的食物，形成了人与鸟和谐共处的局面，朱鹮也成为当地的一大景观。

5. 气候

气候对各个地方乡村景观的影响也很大，尤其是对不同的植被带与土壤的影响十分显著。地球气候在一定程度上是稳定的，因为同一地域的太阳辐射、大气环流和下垫面都比较稳定。一个地域的气候条件往往包含太阳辐射、温度、降水、风速等指标，通常衡量气候差异也是从温度与降水两项指标出发的。

中国横跨热带、亚热带、温带和寒温带四种不同气候带，在气候类型上呈现出丰富性的特点，也因此形成了多样化的农业生产方式。当然，这同样顺理成章地使建筑、农作物等乡村景观表现出较大的不同。

具体来说，气候对乡村建筑的影响主要表现在建筑布局与建筑样式这两个方面。北方寒冷，建筑物多是比较低矮、墙体比较厚，且较为集中的；南方沿海降雨较多，建筑物多为斜顶，有利于排水；靠近热带地区，多湿热瘴气，建筑离地面也相对较高，以吊脚楼为主；西北干旱地区少雨光照强，窑洞样式的建筑则居住起来会更为舒适。不同的建筑布局与建筑样式以当地的气候为基础产生，对采光、通风、防潮、御寒的要求也各不相同。

气候对农作物的影响主要是不同的气候条件种植对应的农作物，高原或中高纬度地区气候寒冷，适宜植物生长的时间较短，种植的农作物主要以耐寒作物为主，一年一熟；中低纬度地区气候温和，植物能够实现一年两熟或两年三熟，除了能够种植中高纬度地区的植物外，很多越冬作物也能种植；低纬度地区热量充足，能够实现一年三熟，可以种植更多种类的农作物。

6.土壤

土壤是乡村景观的一个重要组成要素。一般情况下，从某一地域的土壤中能够分析出该地域景观变化的过程。土壤的变化通常也是和当地的气候与植被条件密切相关的。在不同的土壤条件下，适合生长的植被、农作物也都不一样，这也造成了乡村景观异质性的存在。中国的地域辽阔，气候、岩石、地形、植被条件复杂，加之农业开发历史悠久，因而土壤类型繁多。从东南向西北分布着森林土壤（包括红壤、棕壤等）、森林草原土壤（包括黑土、褐土等）、草原土壤（包括黑钙土、栗钙土等）、荒漠、半荒漠土壤等。因此，乡村的农业生产性景观是由土地的适宜性决定的。

（二）人工要素

人工要素是与自然要素相对的、由人所创造的物质，主要包括各种建筑物、构筑物、铺装、产业用地等。

1.建筑物

乡村是人类聚落形式的一种，是人类活动的中心，因而乡村景观中除了自然所赋予的地形地貌、水体、植物等构成要素外，还有人类生活的各种要素，即乡村聚落景观。建筑物是构成乡村聚落景观的最基本要素，建筑的风格体现着乡村聚落景观的地域特色。它同时具备实用功能和审美功能，是村落存在的基础。乡村建筑物一般包括民居、庭院、戏台、祠堂、庙宇、牌坊等。

按照使用功能的差异，乡村地域的建筑物可以分为民用建筑、农业建筑、工业建筑和宗教建筑四大类。民用建筑又可以分为居住建筑与公共建筑两大类。居住建筑主要指人们居住的房屋，住宅是最常见的居住建筑；公共建筑主要是服务于所有居民的建筑，如学校、政府大楼、图书馆、火车站等。农业建筑专为农业生产而建造，有养殖、种植、储存、维修、蓄能等多种不同功能的农业建筑。工业建筑包括各类冶金工业、化学工业、机器制造工业及轻工业等生产用厂房，生产动力用的发电站及贮存生产原材料和成品用的仓库等。宗教建筑是指与宗教有关的建筑，如佛教寺庙、清真寺、教堂等。

2. 构筑物

构筑物也是乡村景观中重要的聚落景观因素，一般包括桥梁、台阶、墙、围栏和座椅等公共休息设施，这些构筑物同样是既具有实用功能也具有审美功能。

水利设施是乡村地区独特的构筑物景观。水利是农业的命脉，对中国的农业文明至关重要。从古至今，无论朝代如何变更，水利事业始终为人们所关注。各种类型的水利设施，在防洪、发电和发展农业灌溉等方面发挥了巨大的作用，同时，也成为乡村景观的一个重要组成部分。例如，我国四川的都江堰水利设施，有着两千多年的历史，被列入“世界文化遗产”名录，至今仍在发挥重要作用。它是中国古代建造的一项闻名中外的伟大水利工程，是目前世界上年代最久、唯一留存、以无坝引水为特征的宏大工程，科学地解决了江水自动分流、自动排沙、控制进水流量等问题。从此，汹涌的岷江水在经过都江堰后化险为夷，变害为利，造福农桑。都江堰水利工程是形式独特的水利建筑，实现了艺术与自然的完美融合，是当今著名的历史文化景观。

3. 铺装

铺装是构成乡村景观空间不可或缺的要素，不同铺地材料的设计与使用能够带来各不相同的视觉感受，并兼具实用与美学的功能。一般铺装的乡村景观包括道路、台阶、乡村广场、庭院等。使用到的主要铺装材料既有自然的砂石，又有人为加工过的条石、砖、瓷砖、水泥、木材等。

4. 产业用地

乡村地区的产业用地主要是指农田。中国的农业生产面积大，有关的农业理论和实践都远远多于其他产业。

农业的最初形态起源于采集、狩猎活动，在这些活动的基础上发展成种植与畜牧两种不同的农业形态，时至今日，虽然农业中增加了科技成分，但基本形态还是以种植与畜牧为主体。从广义上来讲，农业还包括伐木、野生植物的采集、天然水产物的捕捞等活动，这是将利用自然界原有的植物、生物资源的活动一并纳入了农业的范围之中，其原因主要是这些活动仍长期伴随种植业和饲养业而存在，并不断地转化为人工种植和饲养。农业劳动者附带从事的农产品加工活动，也被视作农业的一部分。因此，广义上的农业应该包括林业、渔业、种植业、畜牧业、副业这几个部分。在乡村景观概念之下，农业一般是指广义的农业。

（三）非物质要素

非物质要素是不以物质形态存在，而以人的思想、精神、价值观念等形式存在的无形要素。乡村景观的非物质要素多种多样，如乡村生活观念、乡村环境观念、乡村道德观念、乡村生产观念、乡村行为方式、乡村土地所有形式、乡村风土人情及宗教信仰、乡村财富分配形式等。非物质要素对乡村景观的影响主要表现在文化层面，这也是其作为一种乡村景观类型与其他乡村景观类型最重要的区别。

1. 乡村环境

我国传统的环境协调观讲究“天人合一”，我国大多数乡村景观都有这一文化特征。人在自然环境中生活，必然会对其产生依赖，由此形成了“靠山吃山，靠水吃水”的环境观。乡村环境还注重安全性、丰富性和多样性。

2. 乡村生活观

传统的乡村生活就是“日出而作，日落而息”，在现代社会，许多乡村仍然保留着比较传统的生活规律，人们的欲望比较低，对现状容易满足。在社会经济和信息化高速发展的情况下，乡村生活观不可避免地受到了现代城市生活观念的影响，夜生活逐渐普及、丰富起来，规律性的生活方式相比过去已经发生了很大的改变。

3. 乡村道德观

乡村居民一般都有较强的传统道德观，不同于城市道德观念，更与现代的、流行的道德观念有很大区别，体现出历史文化性。当前，这种道德观特征正在悄然改变着。

4. 乡村审美观

乡村审美观是与乡村的环境观、生活观、道德观一脉相承的，通常是以自然审美为基调，体现出淳朴、自然、鲜明的特点。

5. 乡村生产观

不同的生产技术和生产规模对应着不同的生产观。在过去很长一段时间，我国乡村主要践行“自给自足”的生产观，随着市场化的观念向乡村蔓延，乡村居民也可在市场上通过交易的方式将自己生产的东西卖出去，或者通过交易获取自己无法生产的东西。如今，乡村与城市的联系更加紧密，乡村生产的东西也不再只是为了满足自己的需要，还为了发展经济，涉及的产业也越来越丰富，除基本的农业外，还包括工业、建筑业、服务业等众多领域。

6. 乡村风土人情

乡村风土人情主要反映的是一种地域文化，表现为节日庆典、风俗习惯等，是体现乡村鲜明特色的一种重要非物质景观要素。乡村风土人情的产生具有明显的自发性，人们在生产生活中，在当地的自然条件下，不知不觉就创造出了一种规范体系。这种规范体系对人们的行为、心理、语言等方面都有着恒常的约束力并世代继承下来。乡村风土人情能够影响人的行为，使人在构建乡村景观的过程中做出特定的考量。

中国各民族在长期历史发展进程中形成了许多特有的生活方式和风俗习惯，并且大多是在传统农业生产的基础上逐渐发展并得到完善的。例如，江南农村的稻花会、汉族和白族的打春牛、苗族和布依族等的吃新节、哈尼族的吹栽秧号、杭嘉湖地区的望蚕讯等，都是农业文明的产物。中国的农业文明与人口的繁衍具有密切的联系，乡村景观中最有特色的部分也是与人类延续有关的婚丧嫁娶习俗。当然，农业文明中一项十分重要的活动——祭祀，也是十分有特色的乡村景观。不同民族有关农业的祭祀内容各不相同，有的会祭拜风神（如景颇族），有的会祭拜谷神（如傣族、布朗族等）。乡村风土人情从表象上反映乡村文化，但要深究，可以发现，隐藏在这些风土人情背后的，是本民族特有的心理性格、思维方式和价值观念。

7.宗教信仰

相比城市，乡村地区对宗教信仰的程度一般会更深。宗教在中国文化景观形成过程中发挥着特殊作用。先秦时期，原始宗教力量构建了数量繁多的图腾景观，后来到东汉时期，人为宗教景观开始成为主流。时至今日，原始宗教形式在民间或边远少数民族地区仍然存在。例如，云南部分少数民族至今仍有丰富的原始信仰、原始宗教和图腾文化。在人为宗教时期，儒教、道教、佛教、伊斯兰教、基督教和天主教先后在中国产生或传入、发展并变化。因为各种宗教中国建造了繁多的宗教景观，如儒教的文庙、孔庙，道教的名山、宫观，佛教的名山、寺庙、佛塔、石窟，伊斯兰教的清真寺，基督教和天主教的教堂。宗教对乡村聚落景观产生了一定的影响，特别是对某些地区的聚落。由于佛教与村民的关系密切，所以佛寺遍及各村寨。这些佛寺作为构成傣族村寨的要素之一，往往位于村寨中较高的坡地或村寨的主要入口处，有的甚至作为主要道路的底景。佛寺一方面满足了人们精神崇拜的需要，另一方面也成为人们举行公共活动的主要场地，并让村庄的景观显得更加立体而多样。佛寺自然地融入了村庄景观之中，反映宗教文化的各种庙堂也成为聚落的标志性景观。

8.语言

语言是人们用以交流的工具，同时也是一种文化形式。语言的发展演进与方言有着很大的关系，方言本身在不同民族、不同地域或者迁徙条件下也会发生不同的演化。

中国是一个语系多样的国家，包含汉藏语系、阿尔泰语系、南亚语系、南岛语系和印欧语系。其中，操汉语的人数占全国总人口的94%以上。现代汉语又有诸多方言，大致可以分为十大方言区。在一些地区，甚至相邻两村的方言都不一样。语言上的差异，造成了不同地区对同一事物的不同表达方式。城市化让很多独特的语言文化在这个过程中被遗弃，这些语言文化似乎无法适应“先进”的城市文明。在人口组成复杂的城市生态中，方言因为不便交流，自然也无法很好地融入其中。但是，不同于城市，乡村却能够较好地保存方言，因而方言也是一种文化景观资源。方言作为文化景观资源是有价值的，人们在不同的地域，除了感受当地的自然景观外，也同样对文化景观感兴趣，方言作为一种独特的文化景观，能够直接吸引人们的注意。

二、乡村景观的类型

景观类型是景观科学研究的基础内容，因对景观内涵的界定还存在争议，所以乡村景观的分类也可谓见仁见智。根据王云才的观点，乡村景观分类需要遵循景观分类的原则，第一，要根据不同的空间尺度或图形比例尺的要求将乡村景观的基本单元与等级划分出来；第二，分类要体现人类的主导性，因为乡村景观的塑造离不开人类；第三，要将景观之间的联系与区分体现出来；第四，要反映控制景观形成过程的主导因子；第五，要做好景观分类的单元确定和类型归并，前者以功能关系为基础，后者以空间形态为指标；第六，分类要考虑到景观功能特征。[1] 以下列举几种乡村景观的分类标准。

（一）根据人类对景观的干扰强度分类

一般情况下，人们会根据是否有人类参与而将乡村景观大致分为自然

---

[1] 王云才：《现代乡村景观旅游规划设计》，青岛出版社，2003，第77页。

景观与人文景观两种。自然景观是指几乎未受到人类活动影响或影响程度很小的景观。人文景观指由于人类的社会、经济活动而产生的景观。这实际上也是一种依照人类对景观的干扰强度所进行的分类，但是，这一分类中对人类干扰强度的界限划分得并不足够明确。中国科学院沈阳应用生态研究所研究员肖笃宁以人类对景观的干扰强度为分类标准，将乡村景观划分为自然景观、经营景观和人工景观。

1.自然景观

自然景观包含高山、极地、荒漠、沼泽、热带雨林等原始景观和森林、草地、湿地等受人类轻度干扰的自然景观。

2.经营景观

经营景观包含人工自然景观和人工经营景观。人对人工自然景观的干扰主要是对一些非稳定成分的干扰，例如植被改造、物种管理和收获等，具体包含采伐林地、草场、放牧场、有收割的芦苇塘等乡村景观。人对人工经营景观的干扰主要表现为对较稳定成分的干扰，如对土壤的改造，具体景观内容包含各类农田、果园、人工林地等。

3.人工景观

人工景观就是自然界原本不存在的景观，是完全由人为活动所创造的，包含工程景观、旅游风景、园林景观等。

（二）根据自然属性和功能分类

乡村景观具有鲜明的自然性、生产性和人文性的特点，根据乡村景观的自然属性和功能对其进行分类，可概括划分为自然景观、生产景观和聚落景观。

1.自然景观

自然环境是乡村景观建立和发展的基础条件，在自然景观中乡土景观的自然特性能够得到体现，如气候、水体、土地、植被等都是重要的自然特性代表。其中，气候对区域景观的塑造起着决定性作用，而且光照、风速、湿度等都是非常重要的气候条件指标，影响着乡村景观的样貌；水体是乡村农业发展的经济命脉，也是村民赖以生存和发展的必备条件；土地是乡土景观存在的载体；植被是乡村景观中最富有变化的设计要素；动物是构建和谐生态景观的重要标志。

2.生产景观

生产景观是乡村景观功能特性的一种体现，生产景观有农田、林地、生产用具与生产场所等。其中，农田为人们出产粮食，因而农田景观占乡村生产景观的面积最大。依托农田景观，将其固有的生产功能与现代人赋予其的审美功能联系起来，建设观光农业或创意农业已经成为当前农业发展的一个新方向。在这个新的农业发展方向上，各种各样的农作物在经过精心设计与搭配之后，便具有了一定的审美价值，在这个新的农田景观中，游玩与欣赏便成了切实可行的事。林地是人们为了防止水土流失、保持土壤、减少风沙产生而种植的防护林带，林地能够为各种生物提供庇护所，因而成为乡村景观中具有生物多样性的一个地带。因为有了林地的存在，周围的气候条件也会发生一定的变化，乡土景观环境将被自然分隔，在此基础上，乡村景观在视觉上变得更为多样。农耕生产工具主要包括除草的铁锄、耕地的犁、播种的耧车、灌溉的辘轳、收获的镰刀、加工的石磨等，这些极具农业特色的传统农耕用具逐渐被高效率的现代化农用机械所取代，而蜕变成了人们心中的记忆，它们也可以单纯以形象出现在乡村景观设计中，作为一种能够唤起人们乡土记忆的观赏性因素。

3.聚落景观

聚落景观在乡村景观中最能体现乡村社会的特性，聚落景观由乡村的各种建筑、道路等组成。聚落景观是村庄历史与文化的见证，反映了村庄在审美方面的独特性。聚落景观的整体特征突出体现在村落布局、建筑、集市和文化广场等方面。村落布局方面，村落是村民的居住场所，村落的布局一方面受到自然环境的制约，另一方面又为人类活动的便利进行而规划安排，村落布局形态的差异塑造了特有的乡村景观肌理。村落的位置选择和布局等，是多种乡村生活理念共同作用的结果，既体现着村民对自然的尊重，又反映着他们对“择吉而居”等朴素思想的传承。当然，将视角拉近到乡村聚落景观的主要单元——乡村的建筑上，会发现乡村建筑无论是在造型上还是在装饰风格与装饰材料的运用上，都与其他建筑不同，这在一定程度上是由乡村的自然环境、生活习俗以及文化决定的。并且，在独特的建筑工艺加持下，人们能够感受到满满的乡村文化气息，因而乡村建筑成为乡村的一种文化符号。集市方面，集市本身就是一个用于交易的场所，乡村集市也是如此，只不过这里人们主要进行的是农产品交易。文化广场是村民进行文化交流的场所，它们体现了朴素的乡村经济特色和文化特色。

（三）根据地理位置差异分类

乡村景观所处的地理位置各不相同，有的分布在平原，有的分布在山地，还有一些沿山势走向和河流分布，因此形成了平原型、山地型、山麓河谷型三种不同的乡村景观。这种按照地理位置进行分类的做法揭示了不同地域的乡村地理景观特征，造就了乡村景观在地理学上的面貌。其中，山地型乡村景观主要分布在川东、渝、黔东南一带，平原型乡村景观多集中于黄河下游、长江中下游地区，山麓河谷型乡村景观则多分布在大江、大河的河谷地带或地广人稀的山地区。

（四）根据景观独立形态进行分类

景观的独立形态特征是指在乡村景观体系中，具有特殊的景观功能，并且独立的景观单元之间既相互影响又相互独立，是描述乡村景观的重要组成部分。按照景观在独立形态上的差异，乡村景观可以大致分为居民点景观、网络景观、农耕景观、休闲景观、遗产保护景观、野生地域景观、湿地景观、林地景观、旷野景观、工业景观、养殖景观等。

1.居民点景观

居民点景观包含居民点形态和住宅形态，这种景观既是乡村景观的重要组成部分，又有大量人类活动存在。居民点的形态是根据环境来确定的，而乡村文化特征却直接影响了乡村的住宅形态。

2.网络景观

乡村网络景观就是纵横交织在乡村地域的各种通路体系，其中既有道路构成的网络，也有河流、森林构成的网络。有了道路网，乡村景观便有了触及的可能；有了河流网，乡村景观就多了些动态元素；有了林网，乡村景观就变得更加独特。

3.农耕景观

农耕景观主要由农田、设施农业、农场三种景观组成。农田景观是传统农业耕作模式留存下来的景象，构成了传统乡村景观最重要的部分；设施农业是集约农业景观特征的体现，目前正逐步成为现代乡村景观的主体；农场景观与一般的分散耕种模式不同，其最大的特点就是规模化耕作，能够带来更高的生产效率。

4.休闲景观

乡村休闲景观的主要形式包括观光农园、田园公园、自然保护区、森林公园和乡村风景名胜地。观光农园主要以农业为卖点吸引游客，从而发展农业观光旅游；田园公园主要是以乡村景观资源为依托建设起来的休闲公园；自然保护区主要承担着保护乡村稀缺资源和自然环境资源的任务；森林公园主要是以保护为目的对森林进行开发的一种经营活动；乡村风景名胜是由自然景观向现代乡村游憩景观演替的景观类型。

5.遗产保护景观

遗产保护景观包含生态示范区、遗产遗迹、古聚落、民俗村等。生态示范区是乡村生态产业与生态环境协调统一的新型景观类型；遗产遗迹是乡村历史文化和乡村景观继承性的表现；古聚落是古代乡村文化的凝聚，是乡村聚落景观的地方性体现；民俗村是乡村民俗文化、乡村生活方式和环境意识的体现。

6.野生地域景观

野生地域包含保护性荒地景观和边缘荒地景观。保护性荒地景观是在人类干扰程度较高的地区实行特殊保护措施的荒地景观类型；边缘荒地景观因处于人类活动的边缘地带，而受人类干扰程度很低的自然景观类型。

7.湿地景观

湿地景观是体现乡村地区生物多样性的重要景观，包含低地和湖沼。

8. 林地景观

林地景观由果树景观、人工生态林景观以及人工经济林景观共同组成。果树景观是体现乡村经济的景观类型，通过果树景观可以从侧面了解乡村的经济情况；人工生态林景观是进行人工景观环境建设、景观保护的景观类型；人工造林景观是景观安全性、景观整治和建设的重要类型。

9. 旷野景观

旷野景观由开放空间、公共空间和私人领地三部分景观共同组成。其中，开放空间是限定人类对景观干扰范围的景观保护类型；公共空间是涉及大众景观行为的景观类型；私人领地是涉及个人景观行为的景观类型。

10. 工业景观

乡村工业景观由较为集中的工业设施与采矿活动组成。工业设施是乡村进行相对集中的工业生产所形成的经济景观；采矿活动是采集有价值矿产的工业活动，其会对自然生态造成较大的破坏，但采矿对自然的破坏也形成了一种新的特殊景观。

11. 养殖景观

养殖景观是一种专门建造养殖设施进行牲畜养殖而形成的景观，养殖景观也是经济景观的一种。

（五）根据景观人文化程度分类

乡村景观是在一定程度上体现自然景观特色的人文景观，根据具体的景观在人文化程度上的不同，可以将乡村景观划分为聚落景观和非聚落景观两种类型。

1. 聚落景观

乡村居民的日常生活都是在乡村聚落景观条件下进行的，乡村聚落景观在方便人们生活交流的同时也促进了城市文化在这里的传播。聚落景观所占空间较大，立体感强，因其突出于乡村地域其他景观之上，所以是最显见的景观类型。乡村聚落景观在地图上呈点状分布。

根据乡村聚落内人口规模、占地面积以及履行职能的不同，乡村聚落景观又划分为集镇景观和村落景观。

（1）集镇景观

集镇景观面积较大，内部人口相对较多，不仅有规模较大、数量较多的工矿企业和商店，还具有向外辐射和为周围乡村地域服务的职能。在土地利用结构和利用程度上，集镇景观内部土地利用类型多样，结构复杂，包括住宅用地、工矿用地、道路用地、仓库用地、商业用地、文教卫生用地、政府机关办公用地以及部分绿化用地等。其特点是用地比较集中，利用率比较高，房屋建筑向多层次结构发展。

尽管集镇景观已经属于乡村聚落景观一个景观亚类，但根据研究需要，还可以基于集镇的总特征及城镇化程度将集镇景观细分为城镇型集镇景观、典型集镇景观和乡村型集镇景观三种类型。

城镇型集镇景观通常包括县城和县内个别大镇，这类景观既保留有周期性的集市，又带有明显的城镇气息，内部涵盖各种现代化建筑，拥有较为齐全的生活设施和文娱设施，有着向城市景观转变的趋势。

乡村型集镇景观是介于集镇景观与村落景观之间的一种过渡型景观。这类景观尚未达到典型集镇景观所具有的规模，一般指乡政府驻地以下级别的乡间小镇。它们与村落景观的区别在于拥有少数几家服务性的商店、小摊和短时间的早市。乡村型集镇景观是乡村人口集聚的初级中心，是乡村城市化的基点，是在村落景观的基础上演化而来的。

典型集镇景观的特点介于城镇型集镇景观和乡村型集镇景观之间，是一种成熟型的集镇景观，既不像城镇型集镇景观那样有着性质演变的趋势，也不像乡村型集镇景观那样存在许多不完备之处。典型集镇景观通常与一个县域内为某一个小区服务的集镇和绝大部分乡镇所构成的景观相对应。

（2）村落景观

与集镇景观相比，村落景观具有与整个大范围的乡村地区的景象更为协调一致的特性。村落既是从事农业生产活动的人们的居住地，也是生产地，尤其是在有精耕细作传统的乡村地区，乡村居民见缝插针地在自家的院前屋后都种上了粮食作物、瓜果蔬菜、花卉和树木，因此村落往往掩映在整个乡村的大环境中。

村落景观内部用地类型比较单一、结构简单，以住宅用地为主，还有一些生产用地。随着社会经济的不断发展，近年来，部分村落的居民开始修建一些现代化的楼房，但这类楼房数量相比集镇景观中的要少很多，层数也较低，土地利用程度远低于集镇景观。

2.非聚落景观

在乡村地区，非聚落景观的占地面积通常都比聚落景观大，覆盖整个乡村景观区域。不同地区的非聚落景观在形态组合上存在较大差异，各种样式的非聚落景观都存在。一般可以根据农业中的不同生产部门划分出多种非聚落景观类型。

城镇郊区一般会形成城郊型乡村景观，生产方面多种植蔬菜、瓜果等，由于距城镇较近，地理位置优越，会更早、更容易受到城市的辐射，在景观特征上或多或少地显示出受城市影响的痕迹。

在以耕作业为主要行业的地区，田园景观是最有代表性的景观类型。根据农业生产方式的不同，田园景观又有水乡景观、干旱区景观和梯田景观等。水乡景观主要分布于中国南方地区，干旱区景观主要分布于中国淮河以北的北方地区，梯田景观多出现在坡度不太大的山地地区。

在林业生产地区，景观类型主要有森林景观和种植园景观。森林景观一般是天然生成后又经过人工培育或管理的景观，种植园则是经人工培养而成的地道人文景观。

畜牧业生产在农区一般不会形成独立景观类型，仅作为乡村景观整体的一个组成部分。而草原地区因是以畜牧业为主要农业生产部门，所以在乡村景观上也得以表现出来，形成独特的草场景观。

此外，伴随着乡村旅游逐渐成为新的旅游热点，更多的乡村地区在旅游资源开发方面投入较大精力，刺激了乡村旅游景观的形成，这也是乡村景观的有机组成部分。

第四节　乡村景观的价值

从对乡村景观的认知我们可以看出，只要有乡村，就会有乡村景观，乡村景观对乡村发展的意义是多方面的，人们可以有意识地去改造乡村景观，使之发挥应有价值，提升其积极影响，并尽量避免消极影响。不同时期的人对乡村景观有着不同的要求，乡村景观的价值也会随着人类文明的发展而不断变化、增多。厘清乡村景观的价值与其所处时代的关系，可以更好地总结出当前乡村景观的应有价值。

一、农业文明时期乡村景观的价值

农业文明时期，乡村景观的价值突出体现在生产价值和审美价值上，是生产性与审美性的统一。

（一）生产价值

生产性方面，这一时期的村民获取基本生活资料的方式就是直接从农业劳作中获得，人们的生产生活都是与乡村密不可分的，这也体现出乡村对人们的生产性意义。同时，这种生产性与审美性是统一的，它构成了人们欣赏乡村美的主要因素。乡村居民日出而作、日落而息，辛勤劳作，因而对自己种植的农作物产生了较为深厚的情感，这种情感来自他们挥洒汗水耕作的不易，对乡村居民来说，乡村景观有着极大生产价值。

（二）审美价值

审美性方面，农业社会时期乡村景观的美在自然与生活两个方面得到体现。自然之美是乡村景观最直接的审美价值所在，乡村景观与自然融为一体，较好地呈现了自然在人类面前最真实的一面，与自然融合的生态之美即自然之美的体现。当然，这种生态性的自然之美在乡村景观中就有了多样化的表现，如景观的多样、生物类型的多样、各种要素的协调等。从生活之美的角度来看，乡村景观中最离不开的就是人的生活。人有感情有思想，人创造了文化，建立了对自然的稳定态度，人将这种感情、思想和文化、态度赋予乡村景观，就形成了乡村景观的人文属性，从中可以看出人们对生活的态度。从审美的角度去感受乡村景观的生活气息，其中必然有一种特别舒畅、恬静、安逸的生活之美。中国古代知识分子深受传统的儒家文化与道家文化的影响，他们认为乡村景观有着符合传统思想的美，更在精神上升华出无比的纯净性，对人的心灵具有陶冶作用。例如，陶渊明在《桃花源记》中创造的理想社会，就是一个摆脱现实、忘却烦扰、舒适恬静的乡村净土，其对乡村景观的审美升华到了寻找精神乐园的境界。

总之，古代的农业社会已经将乡村景观中“田园风光”的美解剖得淋漓尽致，在人与自然和谐相处的思想影响下做到了生产性与审美性的连接。

二、工业文明时期乡村景观的价值

工业革命推动了人类生产、生活方式的演变，在这种剧烈变化的影响下，追求生产效率、耗竭自然资源的工业文明开始逐渐取代农业文明，成为世界范围内主要的文明形式。工业文明让城市景观发生变化，生存与发展的矛盾在城市被激化。这时，拙朴自然的乡村却因为与城市在发展上的不同而日益凸显出自身的休闲价值与环境价值。

（一）休闲价值

工业文明时期，社会节奏逐渐加快，经济高速发展，社会矛盾凸显，人们生活的压力也逐渐加大。远离发展中心的乡村地区则成为了一片休闲的净土。这一时期，乡村景观在延续着以往农业文明的价值诠释之外，也使其自身独特的环境价值与休闲作用变得明显，在纯净的空气中呼吸，在明媚的阳光下游玩，在植物和花朵盛开的氤氲香气中放松自己的身心，无不是一件乐事。对城市居民来说，乡村给了他们太多城市无法给予的感官享受，感官的苏醒让真正沉浸在乡村田园之中的放松休息成为可能。

（二）环境价值

乡村景观包括自然生态景观和人文景观。自然生态包括森林、水系等，人文景观有农林渔牧生产、建筑、园艺及民俗文化等乡村特色景观。工业文明时期乡村景观保留了自然界原始的、生态的各类景观，与城市的过度开发形成对比，可以唤起人们对美好的自然环境的向往，推动人们形成生态保护的意识，推动产业发展领域生态理念的形成。

三、后工业文明时期乡村景观的价值

从20世纪60年代开始，发达国家进入经济转型的变革时期，这些国家经济的高速发展使其不再过分依赖传统重工业和高污染产业生存，他们逐渐将发展方向转向具有更高附加值的新兴科技领域，如信息与通信技术、电子、海洋科技、空间技术、生命科学等，发达国家的经济转型使其较早地建立起后工业文明经济体系或知识经济体系。在新的经济体系中，信息全球化是最显著的标志，信息全球化建立了覆盖全球的信息网络，使人身处地球上的任何地点都能与世界相连。信息全球化带来了新的文化传播方式，文化的交流互鉴使过去单一、狭隘的文化观变得更加多元和开放。

全球化趋势是人类的一大进步，但同时也对传统文化的传承带来了极大的挑战，一些地方文化因此消亡，这不免让人担忧。因为作为人类文化的有机组成部分，地方文化有着特殊的价值，它彰显了人类文化中的个性，有了这种个性的存在，艺术家们才能在文化中获取充足的养分，才能创造出丰富多样的，带有地域性、文化历史性特征的艺术作品。在此背景下，乡村景观除了以前被认知的生产价值、审美价值、休闲价值和环境价值之外，地域认知价值和文化历史价值得以显现。

（一）地域认知价值

乡村景观的形成受到自然因素与人文因素的双重影响，自然的地形、气候、水文、植被等具有地域特征，人文因素中的生产生活方式、思维观念、风俗习惯等同样具有地域特征。每一种特异的乡村景观背后都是自然因素与人文因素这两大因素在起主要作用。人们通过了解不同地区的乡村景观，可以对该地区的自然条件和人文条件产生一定程度上的认知，因而乡村景观的地域认知价值就凸显了出来。

（二）文化历史价值

乡村景观的形成也反映了一个地区人们的生产生活、社会文化等的发展状况。乡村景观中包含了各种地域人文精神，像一部地域发展的活态历史，为人们讲述着某一地域的过往经历。因此，乡村景观具有宝贵的历史文化价值，传承这些历史文化可以促使人类社会进步。

总之，乡村景观本身就是人们与自然和谐相处的杰作，有着极为典型的人与自然关系特征，对现代人们反思自身与自然的关系具有十分重要的价值与意义。景观设计者应该从乡村景观中寻找积极因素，为景观规划增添新意。

第二章

乡村景观设计的理论体系研究

乡村景观设计对乡村建设具有重要意义，进行乡村景观设计能够在一定程度上助推乡村发展，助力乡村振兴。乡村景观设计的指导理论融合了共生原理、景观生态学理论、可持续发展理论以及景观美学理论等，这些理论共同构成了乡村景观设计的理论体系。本章将着重围绕上述四种理论进行论述。

第一节　共生原理

乡村景观设计的各个部分不是完全独立的，某些部分的存在需要以另外一些部分的存在为基础，乡村景观设计同样遵循共生原理，从共生原理的角度理解乡村景观设计，能够发现乡村景观设计中必不可少的共生共荣部分，在此基础上实现最优乡村景观设计。

一、共生原理的内涵

生物学上最早使用“共生”一词，是德国生物学家安通·德贝里在19世纪末提出的。生物学上，共生就是不同种属的生物按某种形式维系长期生活在一起的现象。共生系统由共生体和体外共生环境构成。共生体的组成部分是共生单元，而共生单元之间的关联包括共生模式和共生界面。共生单元、共生模式和共生环境共同构成了共生的三大要素。任何共生关系都是以上三要素的组合，在共生关系的三要素中，共生模式是关键，共生单元是基础，共生环境是重要的外部条件，[1]具体分析如下。

第一，共生单元是最基本的共生体或共生关系之间建立能量交换关系的最小单位，共生体也是由一个个共生单元组接而成的。从范围上看，由于

[1] 孙炜玮：《乡村景观营建的整体方法研究：以浙江为例》，东南大学出版社，2016，第41页。

共生单元中包含众多共生要素，可以产生共生关系的条件不止一种，因而并不只有一种共生单元。随着共生条件的变化，共生单元也会发生相应变化。例如，在一个池塘中，水草与鱼构成共生单元，同时鱼与藻类、小虾也可以构成一个共生单元，小虾与水草亦可以构成一个共生单元。

第二，共生模式是分析共生单元之间离合关系的方法，不同的共生单元之间的离合关系有着特定的共生模式。共生模式中包含了对特定单元之间产生离合关系方式与强度的定义，揭示了特定单元是如何与其他单元进行物质、信息或能量交互的。共生模式的行为方式是多种多样的，有的是偏利共生，有的是寄生，还有的是对称互惠共生或非对称互惠共生。尽管共生系统存在多种模式，但对称互惠共生是系统进化的一致方向，是生物界和人类社会进化的根本法则。

第三，共生环境是维持一种共生模式必需的外部条件，它的范围很大，囊括了共生单元之外的一切。例如，市场环境与政策构成了企业共生体的共生环境。依据共生环境性质的不同，可以对共生环境进行多重划分，如分为正向环境、中性环境与反向环境，不同环境对共生关系的影响不一样。正向环境对共生体起激励和积极作用；中性环境对共生体既无积极作用，也无消极作用；反向环境对共生体起抑制和消极作用。既然环境对共生体有一定作用，那么反过来，共生体对环境也有影响，表现为正向作用、中性作用与反向作用三类。

总之，共生原理将共生的过程解释为一种自行建构的过程，这种自行建构方式一方面遵循其固有的建构模式，但在共生过程中又表现了属于不同共生对象的共生特性。共生本质上就是一种相互利用，有的研究者也说这是一种合作，在这种相互利用的过程中，也免不了相互间的资源争夺，但这种资源争夺是良性的，它有利于在保留共生单元各自属性的基础上实现共生单元之间的步调协同，促进共生体向更加有生存希望的方向不断发展。共生让各个共生单元之间产生了极为密切的联系，任何一方都不能离开对方而独立存在，也因此成就了共生的稳定性。

二、共生原理的主要研究内容

共生原理研究的内容主要涵盖共生理论框架、共生关系形成条件、共生对象的选择等方面。

（一）共生理论框架

共生理论框架包含共生度、共生界面、共生条件、共生机制等内容，对共生理论框架的研究有利于共生理论的更好运用。

1.共生度

共生度取决于共生单元的内在性质，描述共生单元之间共生关系程度，反映出整个共生系统的发展本质和运行规律。

2.共生界面

共生界面是共生体的体内共生环境，具有传导、交流和分配等功能，对其的研究主要有传导效率、能量传递和分配特性三方面。共生界面的阻尼系数反映出传导效率，阻尼系数越低，传导效率越高。共生能量使用的选择系数是共生界面能量传递的指标值。分配因子则体现了共生界面的分配特性和变化规律。

3.共生条件

共生条件指的是共生关系存在与发展的基本要求和影响因素，包括充分条件与必要条件两个方面。充分条件表现在共生单元的体内环境交流动力大于阻力；共生系统能量函数为正值；共生信息交流丰富度应大于共生单元的临界值。必要条件表现为：共生单元内在性质因素的质参量至少有一组相容；共生界面存在，且发挥物质交换的作用；同类共生单元和异类共生单元的关联度大于某临界值。

4.共生机制

共生机制指共生单元之间相互作用的动态方式，它由环境、动力、阻尼三方面的机制共同作用。在环境方面，共生首先需要进行环境诱导，实现环境对共生体的影响；在动力方面，共生单元之间产生相互作用需要一定的动力，这种动力关系对共生单元之间的交流影响较大；在阻尼方面，共生单元之间产生的共生关系受到各单元的空间距离、性质等因素的影响，它们有的会对共生关系的形成产生较大的阻力。

（二）共生关系形成条件

共生原理研究认为共生关系的形成应该满足以下条件。

有产生共生关联的可能。不同共生单元如果要整合成一个共生体，就需要找到形成共生体必需的共同点或相似点，这种共同点或相似点可以是空间维度上的，也可以是在某一时间段内的，如果存在空间与时间上的双重关联会大大增加产生良好共生关系的可能性。

共生单元间存在物质、信息和能量的具体联系。共生单元的联系往往表现为按某种方式进行物质、信息和能量交流，具有三个方面的作用。第一，共生单元之间的各种联系能够促进共生单元形成某种形式的分工，弥补单一共生单元无法在功能上完全满足共生需要的不足；第二，共生单元之间的各种联系能够让共生单元之间的进化走向协同，物质、信息和能量的交流过程，也是共生单元相互适应、相互激励的过程；第三，共生单元之间的各种联系能够使共生单元按照质量所规定的形式形成某种新的结构。

共生单元之间存在共生机制。从前面论述中可知，无论有怎样的共生关系，其前提都是要满足共生条件的要求，然后在共生机制的设定下，分析影响共生关系形成的各项要素。共生机制的准确判定对共生体未来的发展具有指导意义。

（三）共生对象的选择

共生对象的选择是共生形成与发展的重要组成部分，研究共生对象的选择需要注意的是，无论是何种共生单元，其选择的共生对象都应该是与之存在一定联系的，而且能够促进该共生单元的发展进步，如果有多个共生对象可以选择，那么共生单元往往会以最优化原则选择综合匹配成本最低的那个。同时，共生对象的选择经常需要进行多次，一个共生单元与共生对象间有一个磨合环节，在磨合的过程中共生单元与共生对象将逐渐形成较高的共生关联。另外，如果共生环境或共生单元自身发生变化，那么共生关系也会随之改变。

三、共生原理与乡村景观设计

20世纪五六十年代以来，共生原理在世界范围内经过快速发展，人们对其的研究已经不再局限于生物学领域，而是开始向生态、社会、经济各个领域延展。在中国，有学者已经利用共生原理与方法，从经济学的角度对共生原理进行了系统解析，并进行了小型经济的研究。目前来看，中国研究者关于共生原理在景观设计中的研究已经慢慢从城市景观转向乡村景观。乡村景观中的共生关系包括人与自然的互利共生，生态、社会、经济效益的一体化共生。独特的共生要素（动物、水文、植被、气候等）、共生模式（产业多样化发展模式、循环经济模式等）与共生环境将为乡村景观设计带来新的变化。

共生原理指导下的景观设计最终目标是要实现共生共荣，我国目前的乡村景观设计中还存在很多问题，亟须通过运用共生原理实践将景观设计与乡村建设有机融合。在共生原理下，乡村景观设计应该尽量做到因地制宜，每个地方的乡村都有自己的特点，要分类施策，强化乡村景观设计的功能用途，以及与自然的贴合度。要把乡村景观设计与原先乡村生活、环境联系起来，达到整体的天然和谐。同时，需要推动乡村景观设计的自然化，实现乡村景观设计的野趣化审美，以自然原则为依据、共生原理为基础，实现乡村自然景观设计各要素与乡村自然环境、景观的融合。还要充分考虑村容村貌与乡村景观的协调，实现乡村景观设计与村容整洁的良好结合。

总之，在乡村景观的营建中，设计者要合理运用共生原理，沟通好乡村景观的各个系统，使各个系统形成良好的共生关系，使乡村景观建设更加符合需要。要尝试在各种景观要素中形成良性的竞争关系，以竞争带动相应要素的发展，实现各个景观要素之间的优势互补。并且，各个景观要素之间的优势互补能够进一步提高景观系统的整体竞争力，塑造更稳定的发展格局，促进景观生态系统持续向好的方向发展。当然，乡村景观设计是一项复杂的工程，涉及的自然因素与非自然因素都很多，单一一种理论对完全实现良好的乡村景观设计来说不太现实，因此还需要将共生原理与其他理论配合起来使用，这样才能让乡村景观设计越来越合理。不可否认的是，乡村景观系统处在一个动态变化的过程中，不可能每时每刻都按照既定的要素共生关系运转，为了使乡村景观系统内各要素保持相对稳定的状态，就要不断对系统要素之间的关系进行调整。

第二节　景观生态学理论

景观生态学研究的对象是整个景观，在生态系统原理与方法的支持下，对景观的斑块、基质、结构、格局等方面进行研究，探究最合理的景观存在模式。在乡村景观设计中运用景观生态学理论将使塑造乡村景观的各要素发挥彼此间的相互作用，使乡村景观设计更加合理。

一、景观生态学的内涵

“生态学”一词原意为生物生存环境科学，后发展成为研究生物、人及自然环境的相互关系、研究自然与人工生态结构与功能的科学。现如今，生态学研究的内容已经超出了原来的范围，融入了各学科中，为各个学科的研究提供理论上的指导。

1939 年，德国地理学家 C. 特罗尔首次将景观的概念引入生态学，提出了景观生态学概念，用来阐释一个区域内的自然 — 生物综合体的相互关系。在 C. 特罗尔看来，景观生态学不是新学科或科学新分支，景观生态学只是一种综合研究的特殊观点，C. 特罗尔希望将地理学家采用的表示空间的“水平”分析方法与生态学家使用的表示功能的“垂直”分析方法结合在一起。换句话说，C. 特罗尔对创建景观生态学的最大贡献在于通过景观综合研究开拓了由地理学向生态学发展的新道路，从此景观生态学就在此基础上发展起来。

景观生态学研究的焦点集中在较大空间与时间尺度下生态系统的空间格局与生态过程。自然地理学家、生态学家、经济学家、城乡规划专家、建筑师、农业专家等都参与了景观生态研究，他们有一个共同的目的，就是要在人类与景观之间建立良好的关系。

在生态系统中，景观的层级要比生态系统更高，景观生态学以整个景观为对象，通过物质与能量等流动着的因素在地球表层的生物与非生物之间传输与交换，运用生态系统原理和系统方法研究景观结构和功能、景观动态变化以及相互作用机理，研究景观的美化格局、优化结构、合理利用和保护。[1]景观生态学强调异质性的维持与发展、生态系统之间的相互作用、大区域生物种群的保护与管理等，重视研究的尺度，具有高度综合性。景观生态学是新一代的生态学，在景观这一层次上，低层次的生态学研究可以被综合起来，因而具有很强的实用性。从学科地位来讲，景观生态学有许多现代学科的优点，适合用来组织协调跨学科、多专业的区域生态综合研究。

二、景观生态学的主要研究内容

景观生态学的研究内容有许多来自相邻学科，这里对其主要的研究内容进行论述。

（一）“斑块 — 廊道 — 基质”模式

“斑块 — 廊道 — 基质”模式是用来描述景观空间格局、功能的基本模式，这一概念来自生物地理学下的植物地理学分支。该模式在 20 世纪 80 年代由美国生态学家理查德 • 福尔曼提出。“斑块 — 廊道 — 基质”模式中，斑块、廊道、基质都是重要的景观要素。

1. 斑块

斑块是在景观的空间比例尺上所能见到的最小异质性单元，即一个具体的生态系统，它在外观上与周围环境不同，表现为非线性的地表区域。斑

[1] 魏兴琥主编《景观规划设计》，中国轻工业出版社，2010，第 34 页。

块可以分为环境资源斑块、干扰斑块、残存斑块、引进斑块等。第一，环境资源斑块由环境资源在空间格局中的异质化生成，稳定性强，沙漠绿洲就是其中的代表。第二，干扰斑块由基质内的局部干扰产生，不合理的森林采伐、灌溉、畜牧等就会产生这种斑块。干扰斑块具有周转率较高、持续时间较短的特点。第三，残存斑块是基质受到广泛干扰后残留下来的部分未受干扰的小面积区域，其成因机制与干扰斑块正好相反，大火燎原后幸存下来的小片植被区域属于这种斑块类型。第四，引进斑块由人为活动引起，如在本来没有某种植物、动物的区域引入该种植物或动物。由于成因不同，斑块的大小、形状（外部特征）、数量相差较大。

斑块的大小是景观中各种生态系统相互干扰和演替作用的结果。不同大小的斑块承载种类不同的物质、数量不等的能量，但是它们不是线性的相关关系。斑块内部能量储存数量与斑块边缘能量存储数量不一样。从实际来讲，越大的斑块在地理环境上将有更多的样态，其中将包含更多的景观，复杂的地理环境也会让其中的生物多样性增加，这是小斑块无法实现的。并且，大的斑块也将在应对外界干扰方面体现出更大的能力，有利于斑块的稳定存在。虽然小斑块不利于多样性物种的生存，但由于其面积小巧，更利于底端生物的生存，而且便于灵活布置，因此在规划开发中也是必不可少的。动植物群落、土壤、建筑物等有生命或无生命的部分都属于斑块。

斑块的形状影响边界与内部生存环境的比例，进而影响斑块的物质、能量与物种分布，主导着物种扩散与动物觅食活动的开展。斑块的形状多种多样，从狭长形到圆形，从平滑边界到回旋边界……研究者通过对斑块形状的分析能够更好地认识物种分布的稳定性以及物种扩展、收缩和迁移的趋势。理想的斑块形状要能满足不同的生态功能，即生物的生存机能。这种理想的斑块形状要包含核心区与边缘区，边缘区要能与周边环境发生相互作用，要形成触角与周边的环境进行能量的交换作用。环境功能的简单或复杂直接制约着斑块形状的复杂程度，它们之间存在正比例关系，环境功能越简单，则斑块形状越简单，反之则越复杂。例如，正方形和圆形斑块适用于平原地区耕地、草地和林地；长条形或不规则形斑块则适用于有坡度的、起伏不平或是不规则地带的景观形式。

斑块的数量受环境生态过程的影响，同时它也对区域生态过程产生作用。如果减少一个斑块，就意味着抹去一个栖息地，从而减少景观与物种的多样性，以及某一物种的种群数量。如果增加一个自然斑块，则意味着增加一个可替代的避难所，为景观与物种增加一份保障。

从景观与斑块的关系分析，景观就是由各种大大小小的斑块拼接在一起形成的，并且在景观中同类斑块的数量、面积以及不同的空间构型往往决定着景观中的物种动态和分布特征。干扰与斑块空间构型之间存在一种默契关系，这决定了斑块只要保持一定限度的密度与干扰水平，就能维持稳定。景观生态学认为，斑块之间的距离对斑块的存在有着较大影响，如果一个斑块距离其他斑块太远，就无法方便地建立与其他斑块的联系，这样单一存在的斑块由于自身内部多样性不足，势必影响其所存在物种的发展，如果斑块与斑块之间挨得比较近，能够建立紧密的联系，那么斑块就能长期存在。

2.廊道

廊道是指不同于两侧基质的狭长地带，可以看作是一个线状或带状斑块，廊道两端一般与大型斑块连接。廊道既分割景观，又将各种景观连接起来，发挥着通道与阻隔的双重作用。连接度、节点及中断等是反映廊道结构特征的重要指标。对有益于物种空间运动与维持的廊道，当然是数目越多越好。在景观生态学中，不同的斑块之间通过廊道相连，廊道对于斑块和斑块之间的物质、能量的交流具有重要的意义。廊道可以分为干扰廊道、残余廊道、环境资源廊道与人工廊道等。干扰廊道一般指道路、动力线、带状采伐带。残余廊道一般指采伐保留带，为动物迁徙保留的植被带。环境资源廊道与人工廊道一般指河流、山脊线、谷底动物路径、防护林带、人工树篱，以及沿着栅栏、城墙自然长出的树篱等。

此外，按照廊道的宽度，还可以将廊道划分成线性廊道、带状廊道、宽带廊道三类。线性廊道是全部由公路、小道、灌渠等边缘事物占优势的廊道，其特点主要是窄且长。带状廊道是比线性廊道更加宽阔的条带，能够容纳更多数量的生物或更多种类的生物，其内部环境比较稳定。宽带廊道是主要沿河流两侧分布的植被带，其宽度与河流的规模有较大关系，范围涉及河道边缘、河漫滩、堤坝和部分高地，其存在的意义在于控制水流与矿物质营养的流动，也有护岸固堤的作用。

3.基质

任何景观的塑造都离不开基质，基质是景观中最大的一个部分，具有比较统一的特征且能够将各种景观要素合理地连接在一起，影响能量、物质、物种的流通，对景观的动态起着主导作用。判定基质的标准主要涉及以下三个方面。

一是相对面积，景观中基质的面积占比要比其他景观面积占比更大，因此可以根据这一特点来判断哪一部分是基质。基质中存在一些优势要素，它们有的占据着主导地位。基质的面积越大，它在整个景观中发挥的作用也就越大。因此，采用相对面积作为定义基质的基本标准。

二是连通性，因为基质是承载与关联其他要素的景观要素，因而能够较好地与其他景观要素建立联系。在确定景观中某一基质面积最大之后，就可以进一步从连通性上对其进行准确判断。例如，具有一定规模的树篱等，它们从物理、生物、化学的角度起到防风、防火、屏障生物流动等作用。当连接成相交的细长条带时，景观要素可以起到廊道的作用，便于物种迁移和基因转换。

三是动态控制，动态控制是指景观要素对景观动态变化的起点、速度、方向起主导作用和控制作用。基质对景观动态的控制程度较其他景观要素类型高。将相对面积、连通性、动态控制结合起来能够有效判断景观要素是否为基质。

“斑块 — 廊道 — 基质”模式的形成，能够帮助实现景观结构、功能与动态表述的细化，同时“斑块 — 廊道 — 基质”模式还有利于考量景观结构与功能之间的相互关系，比较它们在时间上的变化。但在实际研究中，要明确区分斑块、廊道和基质存在难度，同时也并非完全必要。景观生态学的“斑块 — 廊道 — 基质”模式为描述景观结构、功能和动态提供了一种空间语言，也为景观规划设计提供了很好的理论指导。为了实现景观设计生态效益的最大化，只有用廊道把各个斑块与基质联系起来、形成系统才行。因此，进行景观规划设计时，要使各类斑块具有最佳的位置、最佳的面积、最佳的形状，且均匀分布于对应的景观中；还要用廊道把这些零散分布的斑块连接起来，以形成景观的有机网络，这样才能使景观设计显得更有生机。

（二）景观结构与格局

景观整体构成一个系统，具有一定的结构与格局，景观格局整体特征又包括一系列相互叠加、呈现出动态的特征。景观结构是景观生态学研究的一个关键点，主要研究景观的构成问题以及如何在空间格局中实现景观的良好分布，在观察一个景观时，能够比较直观且清晰地看出其中的结构。景观格局是指景观的空间格局，即大小和形状各异的景观要素在空间上的排列与组合，包括景观组成单元的类型、数目及空间分布与配置，不同类型的斑块可在空间上呈随机型、均匀型或聚集型分布，同时景观格局也是景观异质性的具体体现。景观格局具体可分为均匀型分布格局、团聚式分布格局、平行分布格局、线状分布格局等。均匀型分布格局指某一特定属性的景观要素在景观中的空间关系基本相同、距离基本一致，如林区长期的规则式采伐和更新形成的森林景观、平原农田林网控制下的景观等。团聚式分布格局指同一类型的景观要素斑块聚集在一起，同类景观要素相对集中，在景观中形成若干较大面积的分布区，再散布在整个景观中。例如，在丘陵地区的农业景观中，农田多聚集在村庄附近；华北山地林区和南方丘陵浅山地区的各类森林斑块相对集中，聚集成团。平行分布格局是指同一类型的景观要素斑块呈平行分布。例如，宽阔河谷河流两岸的河岸带、各级阶梯农田和高地植被带。线状分布格局指同一类型的景观要素斑块呈线状分布，如村庄的耕地、河岸植物带、公路和铁路沿河流分布等。

在景观生态学中，结构与格局这两个概念均为尺度相关概念，表现为大结构中包含有小的格局；大格局中同样含有小的结构。

景观生态研究通常需要基于大量空间定位信息，在缺乏系统景观发生和发展历史资料记录的情况下，从现有景观结构出发，对不同景观结构与格局的分析，成为景观生态学研究的主要思路。因此，景观结构与格局分析是景观生态研究的基础。在景观结构与格局研究中还应重点关注景观异质性、尺度、景观对比度、景观粒径、景观多样性、不可替代格局、最优景观格局、景观格局优化等问题。

1. 景观异质性

异质性来源于干扰、环境变异和植被的内源演替，其存在对整个生物圈意义重大，地球上多种多样的景观就是异质性存在的最好证明，有了异质性的存在，各种景观元素间就可以进行物质与能量的交换。通常来讲景观异质性就是一个景观区域中景观元素类型、组合及属性在空间或时间上的变异程度，也可以说是斑块空间镶嵌的复杂性程度。景观生态学研究主要基于地表的异质性信息。景观生态学研究中，景观异质性包括时间异质性和空间异质性。时间异质性反映不同时间尺度景观空间异质性的差异。空间异质性反映一定空间层次景观的多样性，一般可以理解为空间斑块与梯度的总和，景观的空间格局就是景观异质性的具体表现。更确切地说，景观异质性研究的是一种时空耦合异质性。正是时间、空间两种异质性的交互作用导致了景观系统的演化发展和动态平衡，系统的结构、格局取决于时间和空间异质性，影响着物质、能量以及物种在景观中的迁移、转化。景观异质性能提高景观的抗干扰能力、恢复能力、系统稳定性与生物多样性，有利于物种的共生。因此，对景观异质性的研究能够对景观生态规划起到有效辅助作用。

2. 尺度

任何景观均具有明显的时间和空间尺度特征，反映的是一种时间和空间的细化水平。景观生态学研究的内容包括了解不同时间、空间水平的尺度信息，了解研究内容随尺度变化的规律性。尺度差异对于景观结构特征以及研究方法的选择有重要影响，虽然在大多数情况下，景观生态学是在与人类活动相适应的相对宏观的尺度上描述自然和生物环境的结构。但景观以下的生态系统、群落等小尺度资料对于景观生态学分析仍具有重要的支撑作用。在进行一项景观生态问题研究时，确定合适的研究尺度以及相适应的研究方法，是取得合理研究成果的必要前提。

3. 景观对比度

景观对比度是指邻近的不同景观单元之间的相异程度，如果相邻景观要素之间差异较大，过渡带窄而清晰，就可以认为是高对比度的景观，反之则为低对比度景观。景观对比度只是描述景观外貌特征的一个指标，其高低大小并无优劣之分。

4. 景观粒径

景观根据景观要素的大小可有粗粒和细粒之分。不同粒径的景观要素具有不同的景观生态功能。粒径与所研究的尺度水平有着密切关系，景观粒径的大小与生物体领地大小不同。

5. 景观多样性

景观多样性是指由不同类型生态系统构成的景观在格局、结构方面的多样性和变异性，它反映了景观的复杂性程度。景观多样性包括三个方面的含义，即斑块多样性、类型多样性和格局多样性。景观多样性与景观异质性之间关系密切。

6. 不可替代格局

景观规划中有一些是要优先考虑保护或建成的格局，如大型的、以自然植被斑块作为水源涵养所必需的自然开发区，或建成区里的一些用以保证景观异质性的小型自然斑块与廊道。对于不可替代格局的研究是所有景观规划的一项基本任务。

7. 最优景观格局

对最优景观格局是指以最理想的景观格局分布实现景观设计规划的作用。目前，研究者普遍认为“集聚间有离析”（“集中与分散相结合”）的格局模型是最理想的景观格局。“集聚间有离析”格局强调将土地利用按分类集聚，并在开发区和建成区内保留小的自然斑块，同时，沿主要的自然边界地带分布一些人类活动的“飞地”。“集聚间有离析”格局的景观生态学意义显著。例如，景观质地满足大间小的原则；分担风险；遗传多样性得以维持；形成边界过渡带，减少边界阻力；小型斑块的优势得以发挥；廊道的作用得到体现等。由于这一模式适用于任何类型的景观，从荒漠景观、森林景观到农田景观都可以使用，所以对乡村景观设计有着潜在价值，应该深入研究。

8.景观格局优化

景观格局的优化也是景观生态学研究的一项重要内容，其核心包括以下五项内容。

（1）景观背景分析

景观背景分析是景观生态规划做的工作，分析内容包括景观在区域中的生态作用、区域中的景观空间配置、历史时期自然和人为扰动的特点、区域中自然过程和人文过程的特点及其对景观造成的可能影响等。

（2）总体布局规划

景观生态学理论认为，景观规划中的总体布局应该包括大型的自然植被斑块、作为物种生存与水源涵养所必需的自然栖息环境、足够数量与尺度的廊道。这一总体布局也是所有景观规划的一个基础格局。

（3）关键地段识别

景观格局优化要从总体布局规划上入手，找出关键景观地段，这些关键景观地段具有较丰富物种多样性的生境类型或单元、生态网络中的关键节点与裂点、对景观健康发展具有战略意义的地段等。

（4）生态属性规划

生态属性规划是景观格局优化的一个重要步骤，它从目前景观建设的实践中找出其中存在的问题，并按照景观规划建设的总体目标和总体布局要求，在景观建设方面做出更大的调整，以适应现代社会对景观生态属性的需要。生态属性规划最终要实现的，是在生态学基础上建立景观的合理结构，让各种景观要素都能够以一种理想的状态发挥自身的价值，同时避免人类活动对景观造成不可逆的破坏。

（5）空间属性规划

景观规划设计的核心内容和最终目的是通过景观格局空间配置的调整实现景观设计需要。为此，应根据景观和区域生态学的基本原理和研究成果，以及基于此形成的景观规划的生态学原则，调整景观单元的空间属性，如斑块及其边缘属性、廊道及其网络属性等。通过确定这些空间属性，让景观生态规划有一个比较确定的方案。之后，随着对景观利用的生态和社会需求的进一步改变，对该方案进行不断的调整和补充。

虽然以上论述为景观格局优化提供了理论与方法，但是生态学理论的研究目前还没有真正转化为可行的实践经验，目前研究者将研究的重点放在研究景观元素属性及不同景观元素之间的关系上，很多问题还有待解决，还需要进一步研究。

（三）“源—汇”景观

“源—汇”景观是针对生态过程而言的，源景观是指那些能促进生态过程发展的景观类型，对于保护生物多样性来说，能为目标物种提供栖息环境、满足种群生存基本条件，以及利于物种向外扩散的资源斑块，可以称为源景观；而那些能阻止、延缓生态过程发展的景观类型，以及不利于种群生存与栖息或生存有目标物种天敌的斑块可以称为汇景观。基于生态学中的生态平衡理论，从格局与过程出发，研究“源—汇”景观系统，是为常规意义的景观赋予一定的过程含义，通过分析“源—汇”景观在空间上的平衡，来探讨有利于调控生态过程的途径和方法。

（四）景观连接度

景观连接度指对景观空间结构单元相互之间连续性的量度，侧重于反映景观的功能。景观连接度研究景观要素之间的有机联系，这种联系一部分是功能上的联系，另一部分是生态学意义上的联系，这种联系使生物群体建立起沟通交流的途径，让各种景观要素相互间能够进行直接的物质交流、能量交流与信息交流。景观连接度与廊道是否存在、斑块间的距离、景观中的生境数量等要素相关。

三、景观生态学与乡村景观设计

人类活动的日益频繁使乡村景观要素不再像过去那样联系紧密，变得日益松散化，随之而来的连锁反应就是景观生态的正常调控与活动能力受到影响。景观生态学的相关原理可以指导区域的景观空间配置，优化景观结构和功能，从而提高景观的稳定性。乡村景观是乡村景观生态的反映，彰显着乡村随着历史发展在文化、经济、社会、自然等方面形成的独特地域特征，能够作为标志区分乡村地域。从景观生态学的角度来看，乡村景观应具备的特征有以下四个方面。

第一，宽广感和辽阔感，伸向远方的平远感，稳重的安定感和宁静感。对于平原地带来说，乡村景观很少有遮挡视线的物体，开阔的视野中可以看到大片的农田，给人一种非常宽广、舒展的感觉。对于山区丘陵来说，山脚的体量显得比较厚重，营造出稳重的背景画面，让人产生安定的情绪，给人安心的享受。

第二，丰富的水系与生物，多样化的生态环境。河流、沟渠等水流空间的连续性构成了乡村景观的部分框架，在乡村景观中，水系与植被是构成景观的主体，并且具有循环性，这种水系与植被构成的景观可以给人带来舒适享受。

第三，丰富的四季景观变化，多彩的植被和温和的气氛。乡村景观中自然植被丰富多样，不同的季节，植被的状态各不相同，同一个地方，四季景观有着截然不同的变化，加之依靠自然规律对物种进行合理的时空配置，乡村景观呈现出丰富多样的特征。

第四，合理的地形利用。将村落建在靠近较大斑块的边缘或山脚，能让人们体验到居住环境的安全舒适。人性化地营造农村建筑物，顺应地形等自然条件与实际需求，在人力所及的范围内形成人性化空间尺度的舒适性景观。

景观生态学理论应用于乡村规划方面的内容主要是斑块、廊道与基质在生态系统中的经济效益，注重乡村景观生态的可持续发展研究。例如，基于景观生态学理论的“源—汇”景观理论，研究如何选择、引入和维护村庄斑块，使它们成为构筑“源”之间联系的廊道，为重塑具有自然景观特色的美丽乡村打下基础。

在乡村斑块中，斑块规模的大小反映着乡村经济是否有充足的发展动力，也反映着人口数量的多少、产业形势的好坏、公共设施是否完善、医疗卫生体系是否健全等。面积较大的乡村自然斑块，一般基础设施相对完善，产业形式多样。村落斑块的形状在不断发生着变化，在自然村落中通常会有一个区域是人口密集区，该区域是村落自然斑块的核心区，一般为规则的几何形状，随着时间的推移，人口数量的增多，核心区由规则的几何形状变成不规则的形状，通过研究核心区的演变过程，可以了解村落不同的发展阶段。

第三节　可持续发展理论

可持续发展是当下世界经济社会发展的主流观点，在可持续发展理念下，资源的消耗与废弃物的排放将得到控制，人为干预将让人类的生产生活与自然达成某种默契，实现经济、生态、社会的长久发展。将可持续发展理论融入乡村景观设计，将为乡村景观设计的各个方面带来好处。

一、可持续发展的内涵

可持续发展理论的形成从工业时代对人类生存环境产生威胁开始，这一理论被认为是20世纪最重要的理论之一。1962年，美国生物学家蕾切尔·卡逊发表了一部名为《寂静的春天》的环境科普作品，这一作品的出版在世界范围内引发了人们关于发展观念的争论。1972年，联合国人类环境会议首次提出可持续发展的概念。1987年，联合国世界环境与发展委员会发表了名为《我们共同的未来》的报告，其中也使用了可持续发展概念。可持续发展的定义目前还没有完全统一，但这一概念大致上阐释了可持续发展是保护并加强环境生产与更新的能力，寻求最佳的生态系统以实现环境的可持续；在不超出维持生态系统涵盖力的条件下生存，以提高生活质量、维持身体健康；在保持自然资源与服务提供的前提下，让经济净利益最大限度地增加，以经济的发展不降低环境质量与破坏资源为前提。可持续发展不仅要满足当下人们的需要，还要不损害后代人所需。

可持续发展不是单方面的可持续发展，而是多层面的可持续发展，它包括共同发展、协调发展、公平发展、高效发展、多维发展等多个方面。

第一，共同发展。将地球看作一个整体，在这个整体中有着各种维持地球系统正常运转的要素，各要素的系统性配合成就了这个整体的正常运转。在地球这个大的系统框架下，存在许多作用与运行条件各异的子系统，子系统的存在是地球大系统不可缺少的部分。在地球这个大系统中，任何子系统的运转都要顾全大局，为整个地球大系统的正常运转而工作，因此子系统之间就必须保持良好的配合，就像钟表上的齿轮，需要相互配合才能让钟表动起来，如果一个齿轮出现问题，钟表就没法正常运转，子系统之于大系统也是如此。要实现地球这个大系统的发展，就要让各个子系统先得到发展，注重发展的整体性与协调性的统一，最终实现共同发展。

第二，协调发展。持续发展的内核是协调发展，协调发展包括一个国家或地区自然资源、生态环境、社会经济的协调。自然资源是人类社会存在与发展的基础，自然资源的可持续利用是保障人类社会可持续发展的物质基础。资源是可持续发展的核心，对自然资源的可持续利用可以通过经济、技术等手段来实现。人类生活在生态环境之中，生态环境是人类生存与发展的物质基础，在目前的生产条件下，生态环境遭到极大的破坏，生态环境问题就是对资源的不合理使用造成的。在可持续发展理念中，生态环境要作为经济社会发展的支撑，应该把生产中的生态环境投入与服务功能计入生产成本当中，逐渐修改并完善经济社会发展模式。经济社会发展必须对自然资源、生态环境进行切实的保护，开发利用与节约同时发挥作用，不仅要对当下的发展进行合理的规划，还要为子孙后代着想，努力让他们也具备发展的条件。

第三，公平发展。当今世界不同国家和地区的经济发展状况各不相同，有的经济发展迅速，也有经济发展缓慢的，这种现象一直存在。经济发展的不平衡有的是自然形成的，有的是因为发展的过程中本身就存在不公平的现象，如果这种不公平的现象一直存在并有加剧的趋势，那么很可能这种发展的不平衡就会普及化，波及到其他国家和地区的发展。可持续发展理念提到的公平发展既是在空间上要求公平发展，也是在时间上要求公平发展。空间上的公平发展强调任何国家的发展都不能以牺牲别国的发展利益为前提，任何国家发展的可能性应该是一样的。时间上的公平发展强调发展的自我限制性，不能因为现在的无节制发展，影响子孙后代的发展，如果将子孙后代发展所需的资源都提前消耗掉，势必会带来严重的后果。此外，对于可持续发展中的跨国界合作，要遵循国际公平的具体原则，相互尊重、平等合作，而且发达国家还有向发展中国家提供援助，帮助落后国家实现可持续发展的责任。也就是说，不仅发达国家要可持续发展，发展中国家也要努力实现可持续发展。

第四，高效发展。高效发展是经济上的高效发展，也是资源的高效利用，同时这种高效发展还要兼顾人口、社会、环境等因素。在可持续发展中，既要保障经济能够高效地发展，又要保证资源被最大限度地利用，尽可能减少资源的浪费。高效发展是实现可持续发展必不可少的方面，因此在可持续发展中要大力推广高效发展理念。

第五，多维发展。可持续发展涉及多个维度的考量。从国家发展的维度来讲，各个国家都在发展，但是这种发展是不平衡的，一个国家的发展水平也不仅仅是看其经济发展的程度和水平，还要看文化、自然环境等方面的发展水平。从可持续发展概念本身来看，可持续发展就是一种综合性的发展概念，其样式组成各不相同，形成了各种不同维度的模式。因此，要将可持续发展的理念与国家发展的实际情况相结合，选择适合本国的发展模式，构建多维的可持续发展。

综上所述，可持续发展是一个值得深思的问题，它深刻揭示了自然与人的关系，这不是一种利用与被利用的关系，而是一种互利关系。可持续发展就是要在人类发展的过程中实现对环境和对生态的保护，为子孙后代的发展提供保障。在可持续发展理念的影响下，人类必须进行有限制的社会活动，有节制地进行资源开发和生产，将社会和经济的发展控制在资源与环境的承载范围之内。同时，人类的可持续发展要从长远考虑，当代人的消费和发展要保证不损害下一代人同样的消费和发展机会，在不危害后代发展利益的前提下开发满足当代人生产生活需要的全新发展模式是可持续发展理论的核心内容。[1]此外，可持续发展建立新的文明观、道德观和发展观，最终要达到人与自然之间的和谐共生。

[1] 王美惠：《乡村振兴战略下的济南市唐王镇乡村景观规划设计研究》，硕士学位论文，山东建筑大学艺术学院，2020，第18页。

二、可持续发展的主要研究内容

可持续发展涉及的研究内容包括可持续的经济、可持续的生态、可持续的社会三个方面，且注重研究这三个方面的协调与统一。要求人类在发展中讲究经济效率、关注生态和谐和追求社会公平，最终实现人的全面发展。

（一）经济可持续发展

从古至今，在人类追求的发展中，经济发展就是一大主题，经济发展直接影响各项产业发展。可持续发展并不是要忽视经济增长，而是要将经济增长作为可持续发展的推动力，只有经济得到良好的发展，一个国家或地区才有可能为环境保护投入更多的资金，也就是说有了经济增长，一个国家或地区才有实力让本区域的环境保护事业得到持续稳定的支持。可持续发展理念下的经济增长不仅将增长速度视为主要指标，同时也要求经济高质量发展，从以单纯经济增长为目标的发展转向经济、社会、资源与环境的综合发展。既要求改变传统生产与消费模式，要将区域经济开发、生产力布局、经济结构优化、实物供给平衡等作为经济可持续发展的基本内容，也要求经济体能够连续地提供产品与劳务，使内债和外债控制在合理范围内，并且要避免对工业和农业生产带来不利的、极端的结构性平衡。要建立自然资源账户，在国民生产总值核算中要考虑自然资源（主要包括土地、森林、矿产、水和海洋）与环境因素（包括生态环境、自然环境、人文环境等）的成本，将经济活动中所付出的资源耗减成本和环境降级成本从国民生产总值中予以扣除。可持续发展要求改变传统的以“高投入、高消耗、高污染”为特征的生产模式与消费模式，实施清洁生产与文明消费，以提高经济活动中的效益、节约资源和减少废弃物排放。从某种角度上来看，可以说集约型的经济增长方式就是可持续发展在经济方面的体现。经济的可持续发展包括持续的工业发展与农业发展两个方面。

在持续的工业发展上，需要综合利用资源、推行清洁生产并树立生态技术观。综合利用资源就是要在经济发展体系上谋求资源节约，提倡资源循环利用，将废物资源化。清洁生产就是在尽量减少废弃物排放的基础上实现生产，在生产过程中将废物进行无害化、资源化处理；生态技术观就是应用科学技术与成果，在保持经济快速增长的同时，依靠科技进步与劳动者素质的提高，不断提高发展的质量。

在持续的农业发展上，需要采取适当的使用与维护自然资源的基础方式，通过实行技术变革和机制性改革以满足人类发展过程中对农产品的需求。这种农业方面的可持续发展，能够在维护土地、水、动植物遗传资源等方面发挥积极作用，是一种不退化环境、技术上应用适当、经济上能生存下去及社会能够接受的农业。

（二）生态可持续发展

社会与经济的发展需要与生态可持续发展相协调，要符合自然的承载能力，不能以破坏生态作为发展的前提。研究生态可持续发展就是在研究如何以发展的方式促进地球环境的改善，在发展的同时促进地球生态朝着可持续的方向适应性转变。生态可持续发展探讨的是人口、资源、环境三者之间的可持续发展关系，从人类发展的长远利益上考虑人类当下的生产生活，谋求一种自然与人和谐共存的相处方式。使人类与周边环境的“交流”变得顺畅，寻求改善环境、造福人类的良性发展模式，促进社会、经济发展更加繁荣。可持续发展强调了发展的限制性，如果发展缺乏限制，那么发展的持续性也就无法得到保障。

生态可持续发展就是在资源开发、消耗、排污等方面把强度控制在合理的范围内，这个合理范围就是地球环境能够进行自我调节的范围，也就是人类活动的需要与地球产出所能达到的平衡状态。生态可持续发展同样强调环境保护，但不同于以往将环境保护与社会发展对立的做法，生态的可持续发展要求社会经济发展要与自然的承载力相协调。生态可持续发展要求通过转变发展模式，从人类发展的源头、从根本上解决环境问题。因为生态系统能够通过自身的调节作用与自净能力恢复并维持生态系统的平衡与稳定运行，所以人类需要牢牢把握住生态系统的自我调节机制，实现生态可持续发展。

（三）社会可持续发展

社会可持续发展与经济可持续发展存在区别与联系，经济发展以“物”为中心，以物质资料的扩大再生产为中心，注重解决好生产、分配、交换与消费各个环节之间的关系问题。社会发展的重点在“人”，以满足人的生存、享受与发展为中心，注重解决好物质文明与精神文明建设的共同发展问题。经济发展是社会发展的前提与基础，社会发展是经济发展的结果与目的，两者之间只有相互补充、协调发展，才能实现整个国家的持续、健康、快速发展。社会可持续发展强调社会公平，是环境保护得以实现的机制和目标。社会可持续发展指出世界各国各地区的发展阶段可以不同，发展的具体目标也可以各不相同，但发展的本质应包括改善人类生活质量、提高人类健康水平、创造一个保障人类各项权益的社会环境。社会可持续发展的主要内容是创造人人平等、自由、无暴力的，保障人权、教育的和谐社会环境，要通过分配与机遇的平等，建立医疗与教育保障体系，实现性别的平等，推进政治上的公开与公正，保证社会发展的可持续性。在人类可持续发展系统中，经济可持续是基础，生态可持续是条件，社会可持续才是目的。

可持续发展涉及众多学科，可以有重点的展开。例如，经济学家着重从经济方面把握可持续发展，认为可持续发展是在保持自然资源质量和其持久供应能力的前提下，使经济增长的净利益增加到最大限度。生态学家着重从自然方面把握可持续发展，认为可持续发展是不超越环境系统更新能力的人类社会的发展。社会学家从社会角度把握可持续发展，认为可持续发展是在不超出维持生态系统容纳能力的情况下，尽可能地改善人类的生活品质，等等。

三、可持续发展与乡村景观设计

可持续发展理论最初主要用于约束人们对自然资源的消耗以及对生态环境的破坏，普遍用于渔业、林业、矿业等领域，后来逐渐向农业、景观等领域延伸。可持续发展理论在乡村景观伦理的研究中主要体现在从人类与自然生态系统的可持续发展角度探讨人类对乡村景观的责任和义务，以促进乡村景观文化、乡村景观生态系统、乡村景观规划设计与实施的可持续发展。

对人类来说，以景观组成的生态系统满足了人类自身生存发展的一切所需，因而景观可持续性的意义十分显著。作为景观生态中的重要一环，乡村景观的可持续性也应受到人们的关注与重视。总的来讲，乡村景观的景观可持续性具有跨学科、跨维度的特征，只有在不同学科与维度之间建立一种和谐的理论体系，才能使乡村景观设计拥有新的面貌。需要明确，研究乡村景观伦理的最终目的是实现乡村景观系统与人类社会的可持续发展，可持续发展理论将明确乡村景观伦理的研究方向和目标。此外，可持续发展具有自然属性、社会属性、经济属性和科技属性，可最大限度地使乡村景观伦理的价值体现出来。

第四节　景观美学理论

景观美学是将景观作为审美研究对象，挖掘其中蕴含的美，景观美学研究自然景观、人工景观、人文景观，分析景观由表及里各层面的审美结构，并找出其中对应的形式美、意境美与意蕴美。景观美学运用在乡村景观设计中，将为乡村景观增添美学内涵，使乡村景观更加符合人们的精神需求。

一、景观美的内涵

美学是研究人与世界审美关系、研究审美活动的学科，在1750年由德国哲学家、美学家鲍姆加登提出。美学的研究对象就是人类精神文化活动的产物。“景观”从诞生之日起，就与美学息息相关。农业时代，人类的生存环境主要被自然景观围绕，再加之科学技术的局限性，人类对于周围的环境充满了神奇的幻想。许多文人雅士在受到尘世之事困扰后往往寄情于山水，将自己心目中经过抽象和美化的自然环境绘在画上，写在诗句中。

从美学的角度来分析“景观”，就是指能够供人观赏的风景。客观存在的风景，要成为景观，一定要具有观赏的价值。简言之，景观即价值风景。景观是美的，景观美具有多样性、社会性、可愉悦性与时空性。景观美的多样性取决于世界的多样性，自然景色、生物、人类活动都是有着景观美的存在，因而说景观美具有多样性。景观美的社会性主要从人这一美的接受主体上来说，社会的主体是人，景观美的存在总是与社会上人的生活发生联系。景观美的可愉悦性从景观的欣赏价值上说起，只有具有欣赏价值的东西，才能构成景观，大部分景观，只要被人们接触，就能引发人的愉悦感情。正如王长俊先生说的那样："一切景观，在内容上总是有益的，至少是无害的，而在形式上则必定是赏心悦目的。只要不是情感麻木的人，就能触景生情，人的感官就会获得一种满足，从而产生审美的愉悦感。"[1]景观美的时空性是指一切事物都存在于时空之中，景观也是如此，任何景观都必须与时空相连，如景观的动态美就有时空性。

从景观美学的基本理论上看，景观美学是美学的重要组成部分，它以美学理论为基础，是环境美学的重要内容之一，是研究和探讨景观美的形成因素、特征和种类的科学，研究范围涉及所有人工景观、自然景观与人文景观。景观美学的研究涉及诸多学科与领域，包括地理学、建筑学、城乡规划学、风景园林学等，是综合性较强的学科。景观美学在揭示景观美的本质及其发展规律的同时揭示了景观审美关系中的一些基本问题。景观美总是要随着历史的演进，随着人类对经济、政治、文化乃至所有领域的追求而演进。

二、景观美学的主要研究内容

景观美学的主要研究内容包括景观审美类型与景观审美结构。

（一）景观审美类型

目前景观美学对景观审美类型的研究主要集中在自然景观、人工景观、人文景观这三大领域。

[1] 王长俊：《景观美学》，南京师范大学出版社，2002，第23页。

1.自然景观

自然景观就是客观存在自然界中的景物、山水、生物、熔岩、冰川、天象等，它们是人们观赏的对象，自然物被人们从客观世界转化为自己的主观意象，因而就有了自然美。自然景观本身具有一种自然美的特征，它是自然物的自然性与自然物的社会性统一的产物，自然美需要自然物做支撑，自然物的自然属性是自然美的基础。同时，自然美具有多面性，这是因为自然事物本身就是多样的，当然这种自然美多面性的显示，也与欣赏者的心情变化相关。自然美的多面性还表现在自然美具有美丑二重性，这种美丑二重性指自然美既具有美的属性，又具有丑的属性。在一定条件下这两种属性之间能够实现相互转化。总体上，自然景观的美学特性可以归纳为七个方面：一是自然景观的空间尺度要合适；二是自然景观的结构要适量有序，适量有序指的是景观要素与人类认知之间的组合要有一定秩序，但又不能过于死板，只有适量的有序才能实现景观的生动；三是自然景观要多种多样，要具备时间和空间上的多元变化；四是自然景观要保持清洁干净，健康鲜明；五是自然景观要具备自然的幽静、静美；六是自然景观要具备运动性，运动性包括景观的移动自由与景观的可达性；七是景观要具备持续性、自然性。

自然景观并不是与生俱来便具有自然美，需要人们对某些自然景观进行适当的美化，这样才能让自然景观更加符合人们的审美需要。自然景观的美化可以分为物质层面的美化与精神层面的美化。

物质层面的美化主要有两种办法。一种是改变自然物的面貌。改变自然物的面貌能够使自然物在人们心中退却刻板面貌，从而使其旧貌换新颜。另一种是改变自然物的性格。也就是将自然物进行拟人化处理，并且这种性格的改变主要针对的是动物。对于自然景观中的动物来说，改变它们的性格，让它们以更加温顺的状态与人相处，以呈现出人与自然和谐相处的美好景观画面。

精神层面的美化。对自然物进行精神层面的美化可以采用三种方法。一种是将自然物当作象征物，通过象征这一手段来暗示某种意义，如竹子、梅花象征高尚的气节。另一种是为自然物注入神话色彩，如果一处景观被人们赋予了美好的传说，那么它就会变得更加吸引人。还有一种做法是为景观起一个特别的名字，一个美好而有诗意的名字会使人们产生联想与想象，让景观更加吸引人。

2. 人工景观

人工景观就是由人创造的景观，“人工”是相对“自然”而言，园林、城市建筑、民居都是人工景观。景观美学研究的人工景观是视觉文化，是具象的、物质的。人工景观的特点主要体现在人工性、实用与审美结合两个方面。人工性是人工景观的核心，失去了人工性，人工景观也就不复存在。实用与审美结合是因为人工景观的主要类型是建筑，建筑本身就是实用与审美的结合体。人工景观存在园林、都市、民居三大研究分支，对这些分支的研究对景观美学体系的构建非常重要。

3. 人文景观

人文景观是指在自然景观的基础上叠加人类的美学观念和价值观念，并且能够体现人类精神的景观，人文景观是人和自然之间相互作用的结果。作为一种景观，人文景观能够直观看到具体对象，如一件雕塑。人类长期的社会实践活动创造了丰富的物质文明与精神文明，这些东西被人们妥善保存至今，有着艺术价值或历史文化价值，作为历史遗迹或历史的见证，有着丰富的历史文化内涵，这便是人文景观。因此，人文景观可以定义为那些具有较高历史价值、文化价值与美学价值的人类实践成果，是历史文化的精髓。人文景观与其他景观一样，具有美感作用与娱乐作用，人们欣赏人文景观，在不知不觉间就能被熏陶，从而提高自身的审美。人文景观与人工景观的区别在于它们有不同的历史文化价值。一般来说，人文景观是在人类文明史上具有一定存在价值的景观，人工景观中有一部分可能在人类文明史上具有一定存在价值，被人们记住，但也有很多随着时间的流逝而被人们遗忘。

另外，人与自然的互动形成了人文景观。人文景观有特定的物种、特定的格局及特定的交互过程，呈现出的景观破碎度高，偏向于直线型结构，这使景观比较脆弱，比较容易受到外界的影响和破坏，所以必须加以人为的管理。目前来看，在人为的管理下，很多具有不同历史特征的人文景观得以保留，体现了人类长久以来的各种发展变化。通过现代的方法，将人文景观变成了地区性的精神文化代表。[1]最终，一个景点呈现出的特点是以人文景观表现为主，纯粹的自然景观较少。

（二）景观审美结构

目前景观美学对景观审美结构的研究分为表层审美结构、中层审美结构和深层审美结构三种，它们分别对应景观美学中的形式美、意境美、意蕴美。下面将结合景观美学中的形式美、意境美、意蕴美对景观审美的结构层次进行论述。

1.表层审美结构

景观的表层审美结构是主体知觉抽象与建构出来的景观内在的一种系统属性、关系系统、稳定的秩序与有机形式。任何一个景观，其结构都是独特的。景观表层审美结构的基本单位是表象，它是人类认知活动与审美活动的基础形象，是经过感知的客观事物在人头脑中再现出来的形象。景观的表层审美结构的目的是构建景观中层审美结构。

景观的表层审美结构的独立审美价值表现在形式美上，景观形式美的产生源于景观具有的表层审美结构，主要表现为悦耳悦目的感官快乐。构成形式美的物质基础是自然物质的属性，不同材料既有不同特性的形式美，又存在某些共性，如点、线、面、体等物体存在的基本空间形式，以及冷暖色彩、振动声波等人类对物体的感知方式。形式美的组合规律从各部分之间的关系来看，包括整齐一律、对称平衡、多样统一等，整体来看，主要是多样统一。整齐一律能体现统一有序的洁净美、严肃美，表现一定的气势，但因缺少变化，难免显得单调、沉闷。对称平衡既保持了整齐一律的长处，又避免了完全重复的呆板，给人庄重、沉静之感，不过，完全对称的平衡，仍然是同多异少、活力不足，一般只宜表现静态美。多样统一是形式美规律中最高级的表现形式，是和谐的最完美体现，多样统一能将各种大小、高低、长短、曲直、粗细不一的个体，以动静交替、虚实相生、急缓相间、疏密有致的形式组合成一个整体，从而有效避免景观破碎化。

[1] 李莉：《乡村景观规划与生态设计研究》，中国农业出版社，2021，第30页。

2. 中层审美结构

景观中层审美结构是将表层审美结构经过主体的统觉、想象与情感作用建构的审美幻境表现为景观的艺术形象，即意境。同时，意境也是景观的真正审美对象。景观中层审美结构以审美意象为基本单位构成，是一个审美意象系统。意境是群体意象生成的幻境，景观中层审美结构从系统构成上来说是意象系统，从表现形式上来看就是意境。

景观中层审美结构具有自己独立的审美功能，由此生成了意境美。意境的构成包含“意”与“境”“情”与“景”这样两对相辅相成的要素，“意”“情”属于主观范畴，“境”“景”属于客观范畴，因此意境是主观与客观相结合的产物。意境的表现，即情景交融，是美学上的能引起心灵共鸣的最高艺术境界。具体来说，意境之所以能引起强烈的美感，是因为意境中的形象集中了现实美的精髓，抓住了生活中那些能唤起某种情感的特征，也就是寄托在意境中的创作者的感情。此外，意境中的含蓄能唤起欣赏者的想象。意境中的含蓄，是以最少的言辞、笔墨表现最丰富的内容。利用含蓄给欣赏者留有想象的余地，使欣赏者获得美的感受。对欣赏者而言，美的感受因人而异、见仁见智，不一定都能按照创作者的意图去欣赏和体会，这正说明了一切景物所表达的信息具有多样性和不确定性，意随人异，境随时迁。设计者通过对美的要素进行精心选择与提炼，注入自己的思想感情，使作品成为一种被浓缩的符号，并通过欣赏者的解读得以释放。意境的把握大多体现在静态空间的设计中。

景观意境美不同于表层形式美的悦耳悦目的感官愉悦，是心居神游所带来的悦心悦意之心灵愉悦。它的独特性表现在四个方面。第一，景观艺术与其他艺术相比最大的特点就在于其物境与意境的高度契合。树木、道路、池水、峰石、山体、桥梁设施等，都是实体形式，都可以成为物象，由此构成的物象系统所形成的客观物境，是一种实际存在的时空之境，与意境具有先天的契合性；第二，身心合一。物境是人的身体可入之境，意境是人的心神可入之境，二者在景观中高度契合，亦幻亦真，使人感同身受。其他艺术如果要构筑理想的世界，只能通过艺术幻象间接实现，而景观艺术则是在现实世界直接建构从而实现这种理想；第三，亦幻亦真。景观是精心设计的结果，其物象往往超乎常人想象，在某种程度上景观物境本身已经具有了幻境超常、神秘、集美的特点，其本身已经将创作者内心的幻境转化为实境，欣赏者无须太多的幻想补充，就足够惊异如幻；[1]第四，易于感知。前面已经提到景观可以达到物境与意境的高度契合。景观物境的高度完善又使之与意境联系紧密，物境本身结构的强烈指引性，使主体不需要太费力的想象，就能生成意境，尤其对大众而言，易于感知的提升。

3.深层审美结构

景观的深层审美结构由中层审美结构转换生成。景观的深层审美结构是一种特征图式，特征是其基本单位。特征是事物或现象特性的外在标志，是组成本质的个别标志，在景观中表现为一个细节、一个元素、一个场景等物象形态。设计师的创作往往是由客观事物的形式特征引发的。特征的感知依赖人的知觉完成，这种现象称为知觉的特征原则。已知景观深层审美结构的内在系统以特征为基本单位构成，其中包含多个独立的意象特征在特定艺术语境指引下进行整合。语境是人为设定的特征系统的内在秩序，它能够让原来并不统一的意象特征相互建立联系，共同构成一个有机的特征结构。语境通过对特征群进行同向强化、异向强化等规约作用，将各种意象特征建构成相互关联的意象特征系统，从而形成景观的整体特征，构成作品特征图式这一深层审美结构。这样看来，创建特征系统是深层审美结构形成的关键。

景观的意境特征与心理图式产生同构契合，生成特征图式，激发主体心灵图式蕴含的情感体验原型，生成具体的、个人的、当下的情感体验，也就是意蕴。景观在表面形象背后，存在某些特殊的结构，这种深刻意蕴能够激发观者生发丰富思绪，给人无尽的遐想，这些感受、情思、体味就是景观激发出来的审美意蕴。人们由此获得一种被称为“意蕴美”的精神愉悦。意蕴虽然能够给人带来美妙的审美体验，但其内容常常又是模糊而朦胧的，人们能够感知它的存在，却无法将其用语言明确表达出来，即所谓的“只可意会，不可言传”。景观意蕴的特性表现为四个方面。第一，景观意蕴是对整体结构的感知结果，而非对个别意象审美的结果。如中国园林深邃、悠远的

[1] 刘晓光：《景观美学》，中国林业出版社，2012，第119页。

意蕴是园林整体结构的表现，而非单一池水、峰石、花木、建筑的个别表现。第二，景观意蕴是主体知觉想象体验的结果，主体生成的主观的内容，是双重建构的结果，而不是通过推理与判断得到的，不是客体自有的附加的意义。第三，景观意蕴是深层的，非个别的、局部的、浅显的、感性的，是认知内容以外的宏大、深邃内涵，指向人生境界和精神内涵，引发生命感、历史感、宇宙感，具有人性的普遍意义。第四，景观意蕴是抽象的，是作品表面含义之外的、语言难以表述的部分。

在深层审美结构中，景观意蕴的指向主要表现在三个方面，即生命意识、关于社会与文化的历史意识、关于人类存在环境的宇宙意识。第一，生命意识探讨的生命问题是人类永恒的话题，自文明出现以来，人们就对它进行着孜孜不倦的探求。生命意识可以表现为一种自觉意识，一种力量、意志与不朽的体现，一种与生俱来的孤寂感，以及人格意识。第二，关于社会与文化的历史意识。这种意识在景观中形成，一是靠表现（主要是客体结构的表现），二是靠积淀，如一些反映重大历史事件的景观遗迹。第三，关于人类存在环境的宇宙意识。人是宇宙的一部分，无论是艺术还是科学，都在对宇宙进行探讨。宇宙意识融入了景观设计，表现在中国园林中，宇宙意识以无限广大和将天地万物笼罩其中为特征，对“天人之际”加以表现。以园林为代表的中国景观以种种动势反映出无时无处不在的极为丰富和谐的宇宙韵律。

三、景观美学与乡村景观设计

乡村景观是人们为满足自身需要而创造或保护下来的具有审美意象的事物，它将自然之美与人文之美沟通结合在一起。美是乡村景观中孕育的一种哲学理念，是一种生活乐趣。乡村景观的美与老子的道家思想密不可分，与道、气、象、虚、实、虚静等都有一定的联系。道家思想中蕴含了人与自然的伦理关系和规律。无论是西方美学还是中国美学，都有助于探寻乡村景观的伦理内涵和价值。

乡村景观是景观的一个分支，以景观美学为基础理论，具有景观的美学特征。景观美学在乡村景观设计中的应用主要表现在三个方面。第一，景观美学从美学层面为乡村景观设计提供理论指导。由于我国各个地区的乡村并不相同，景观风貌各异，所以乡村景观设计要尊重自然，考虑乡村的地域景观特征。在关注人们主观审美体验的同时，也要突出自然环境本来的美。乡村景观设计要深入挖掘乡村自然景观与人文景观，将乡村景观的独特性找出来，实现乡村景观设计的特色化，避免与其他地区的乡村景观设计同质化。第二，景观美学在乡村景观设计与外来旅游者之间建立起情感上的契合。乡村景观设计中有了代表乡村的文化元素，也就构建起乡村特有的审美文化场域，能使游览者感受到乡村的美好。第三，景观美学应用到乡村景观设计不仅是让乡村有一处景观美，同时也让乡村实现了对美的创造，从而带给人们归属感与认同感。

此外，在对乡村景观进行设计时，应该让乡村景观体现出时代背景下特有的美。因为每一个时代的审美标准都不尽相同，存在于时代条件下的景观都是特定时代的产物，所以设计出符合时代审美需要的乡村景观是景观美学研究的首要目标。

第三章

国内外乡村景观设计发展分析

最近几十年，土地的过度开发、生态环境的破坏、城市的扩张等都对乡村景观造成了不小的影响，使原有的乡村景观遭到破坏，乡村景观是维护乡村生态、文化的重要载体，在这种情况下，国内外学者开始意识到乡村景观对乡村的重要性，随之加大了对乡村景观设计的重视程度。鉴于此，本章将对国内外乡村景观设计的发展进行论述。

第一节　国外乡村景观设计的发展

荷兰、瑞士、德国、英国、法国、美国、韩国、日本等较早开展了乡村景观设计实践，这些国家的乡村景观设计实践对全世界农业与乡村景观设计起到了巨大的启发作用。本节将对这些国家的乡村景观设计发展进行论述。

一、国外乡村景观设计实践的发展

（一）荷兰

荷兰开垦土地的历史悠久，也是较早开展乡村景观设计的欧洲国家之一。乡村景观设计在荷兰经历了漫长的发展阶段，20 世纪后荷兰开展了大规模的土地整理与大尺度的乡村景观设计，圩田建设、土地整理和乡村景观设计彻底重塑了荷兰的乡村景观面貌。

1924 年，荷兰颁布了第一个《土地重划法案》，其主要目的是改善农业的土地利用，促进农业的发展，将不同土地所有者的土地较好地集中在一起，进行统一设计。该法案对荷兰农业的发展至关重要，极大地改变了乡村地区的景观特征。1938 年，荷兰颁布第二个《土地重划法案》，该法案与 1924 年的法案在目的上是一致的，但程序更加简单。1947 年，荷兰颁布了《瓦尔赫伦土地合并法案》，开始从简单的土地重新分配转向更为复杂的土地发展计划，其目的是保障农业、户外休闲、景观管理、公共住屋以及自然保育的整体利益。1954 年，荷兰颁布第三个《土地重划法案》，该法案的目的不再是一味地发展农业，而是服务于农业的利益，允许土地用于其他社会途径。土地重划（土地整理）一直是荷兰解决乡村、农业发展问题的核心工具。荷兰乡村土地重划是将土地整理、复垦与水资源管理等进行统一规划和整治，以提高农地利用效率，几乎所有的乡村建设和农业开发项目都要依托土地重划进行。20 世纪中叶，荷兰风景园林专家逐渐参与到乡村地区的景观设计，以改善农业单一目标的乡村发展状况。到 20 世纪 70 年代初，荷兰的社会发展对乡村地区产生了很大影响，整体乡村设计的思想出现，由此产生了《乡村土地开发法案》。

荷兰是世界上农业发展较好的国家，农产品出口一直排在世界前列，荷兰乡村景观受到农业发展的影响很大，在一系列法案颁布后，荷兰乡村景观表现出了如下变化。一是土地合并催生了适合现代农业机械化操作的大尺度的景观格局。二是乡村建筑的选址和形式发生了变化，以往乡村建筑集中分布在小村庄里，这给农产品的运输带来了较大的困难，也不利于乡村建筑的拓展。土地合并后，新的乡村建筑建在农田之间，更好地发挥了乡村景观的实用性与美观性；畜牧业的发展使乡村中出现了塔仓和低矮水平的建筑形式，对荷兰乡村景观产生明显的影响。三是土地合并使大量的树木和灌木遭到砍伐，形成敞开的景观空间。设计者在对乡村景观进行规划时，还会使用景观生态学的理论，规划区域整体生态网络，运用灵活的弹性策略对乡村景观进行调控，提高乡村地区的生态环境质量。规划内容既包含自然核心保护区域，也包含户外休闲、森林、淡水水库等其他形式的土地利用方式，要求规划表达潜在的景观结构，并努力降低新开发景观对原有景观的冲击。此外，荷兰人非常注重延续传统的乡村景观营造理念，渴望乡村景观回归传统。荷兰传统乡村景观由于不同的土壤、水文条件以及历史时期特定的开垦方式，呈现出多样性。泥炭圩田、滨海圩田和湖床圩田是最具有荷兰特征的乡村景观，约占荷兰国土面积的一半。经过多年的建设，荷兰西部地区的乡村景观中很多遗存的风车、水道、河堤、树木、灌木篱墙等传统乡村景观元素都得以完整保存。许多具有历史年代感的教堂、住宅等建筑和村落中的湖面、树木等环境要素也都被完好保存下来，在今天依然可以看到。

以羊角村为例，这个村庄位于荷兰西北部上艾瑟尔省的威登自然保护区内，被誉为“欧洲最美村庄”。这里的每家屋顶都是芦苇编成，简洁整齐，草地上种植树木和鲜花，其乡村景观有一种特别的宁静之感。在到处都是绿色植物的村落里，河网东西交汇，水路南北贯通。如图 3-1 所示，羊角村里没有公路，也没有汽车，水面上架设的木桥有 100 多座，人们出行的路径依靠小桥连接。羊角村乡村景观的美主要体现在意境上。这些水畔民居多是有着一两百年历史的老宅子。家家户户都有各自的花园与菜地，房屋设计各擅所长，全村竟无一户重复。新编织的芦苇屋顶是新鲜的麦秆色，经年累月则会褪变成晦暗的黑灰色。厚厚一层芦苇覆盖的屋顶，遮阳挡雨，冬暖夏凉，经久耐用。满眼拙朴的屋顶，增添了羊角村世外桃源的韵味。

羊角村的景观设计，更体现出一份特别的悠闲。村里有教堂、民宿、酒馆和咖啡厅，甚至还有各种各样的博物馆，可以方便人们了解小镇的历史文化。在这里生活，集会、社交十分方便，人们可以尽情享受乡村生活的悠闲乐趣。

总之，经过半个世纪的发展，随着土地整理政策目标的转变，荷兰乡村景观设计的理念也从服务于农业生产的现代化、合理化，发展到对农业、休闲、自然保护和历史保护等多种利益综合平衡，最后从自然保护发展到创造“新自然”。

图 3-1　羊角村

（二）瑞士

瑞士是一个中欧国家，与德国、法国、意大利等国家接壤，全境以高原和山地为主，是著名的“欧洲屋脊”。在20世纪六七十年代，由于经济转型，瑞士的乡村地区发生了快速变化。根据发展的需要，瑞士各邦在1970～1972年陆续制定了乡村景观及环境保护法，并划分了乡村景观保护的行政工作责任，如国家负责乡村及地区景观的维护工作，各邦负责自然和乡村的保育工作。这些工作包括了生物、地理、历史、社会与景观各方面的内容，瑞士将全国乡村依据景观、空间及建筑历史的标准划分出不同的地区，作为乡村更新和发展的参考。20世纪80年代，瑞士逐步将各邦的法令协调统一，使全国乡村在统一的法令框架下进行更新。

瑞士没有因发展经济而破坏生态环境，实现了发展经济与保护环境的协调统一，这为维持一种独特的乡村景观创造了条件。瑞士的乡村几乎所有未开发利用的土地都被葱绿茂密的森林、草地覆盖，很难见到裸露的地表。瑞士的植被覆盖率可能是全球最高的，不存在水土流失问题，晴天不见尘埃，雨天没有泥浆。山清水秀，风景宜人。而且瑞士的乡村只要有湖泊，就有白天鹅，实现了人与自然的和谐共处。农场实行集约经营，牧草地分为两部分，一部分种植冬储饲料，另一部分做牧场。

（三）德国

在德国，景观设计以及乡村更新设计对乡村景观产生了巨大影响。1935年，颁布了《自然保护法》，计划保护有价值的景观因素和地段，但是当时景观设计尚未提出以区域、城市的尺度对环境进行全面保护的构想。20世纪50年代早期，“村庄更新”开始，以改善乡村土地不合理结构为目标，农地整理是其中一个重要手段。50年代中期，制定并实施了《土地整治法》，不仅使土地得以规整，扩大了农场规模，提高了农业劳动生产率，还明确了相关村镇设计、房屋建设要求、景观建设以及维护方面的内容。在乡村设立自然保护区，增加了乡村景观的多样性，改善了农民生活和生态环境。在土地重新规划之后，出现了大规模的农场，农业机械化发展促进了新乡村景观的形成。

1960年，当时的德国开始编制第一个景观规划，建立旨在保护土壤、水源、动植物群的保护区。1973年，《自然与环境保护法》在多数州获得通过，法案要求编制包含所有城市和村镇区域的景观设计。1976年，德国政府在总结经验后重新修订《土地整理法》，明确以保持德国乡村的地方特色、改善基础设施作为乡村发展目标，立足保持乡村原有文化形态和重视生态发展，提出“村庄即未来”的建设口号。[1]此后，德国的景观设计工作逐渐从强调保护单一的自然地段，变成了一个全面保护自然环境、提高环境质量的运动。德国的乡村景观设计要求具备生态性、文化性和美学性，在制度上偏向官方主导。

此外，由于德国城乡发展不平衡，出现了乡村人口外流以及乡村景观逐渐丧失等一系列问题。为挽救日益衰败的乡村，从1961年开始，德国每两年举办一次“我的乡村会更美”景观与建设竞赛，这极大地刺激了地方竞争与发展，从而积极带动了乡村居民参与营造自我家园，为后来的德国乡村更新措施打下了发展基础。1970年左右，德国现代化建设初步完成，在各邦制定法令推行的“乡村更新”设计中开始审视村庄原有的形态与建筑，重视乡村道路布置与对外交通的合理规划，在乡村景观建设中更加关注地方文化与环境发展，强调村庄的独立性。

到了20世纪90年代，随着现代农业在德国的发展，德国政府在倡导生态保护的同时，大力提倡创意农业的发展，休闲农庄与市民农园开始大规模出现。创意农业的发展对乡村景观的改变起到了推动作用。

市民农园是把城市或近邻区的农地规划成小块出租给市民，承租者可在农地上种花、草、蔬菜、果树或经营家庭农艺。通过亲自耕种，市民可以享受回归自然以及田园生活的乐趣。市民农园提倡绿色种植，不能使用矿物肥料和化学保护剂，这些措施保护了城市近郊乡村的生态。休闲农庄主要建在离城市较远的林区或草原地带。这里的森林不仅发挥着蓄水、防风、净化空气及防止水土流失的环保功能，还发挥科普和环保教育的功能。自1998年起，德国依据《建造暨空间秩序法》将已有的建筑法、空间秩序法、自然保育、环境保护等重要法令大幅修正，乡村空间和都市的机能更得以在永续

---

[1] 黄铮：《乡村景观设计》，化学工业出版社，2018，第63页。

环境发展前提下完整互补。

在乡村景观设计中，德国政府非常重视运用法规来规范和保护乡村历史资源。德国政府将具有200年历史以上的建筑均列入保护之列，并拨专款用于支持乡村古建筑、街道的维修、保护工作。[1]在乡村更新建设的实施过程中，德国对于历史文化老街小巷的保护、修复的重视，以及对于历史场景的维护与重现，才形成了今日德国乡村别样的景观。

在乡村景观理论研究方面，德国的景观设计包括土地利用分类、空间格局、敏感度分析、空间联系和景观分析五个步骤，建立了以GIS与景观生态学的应用研究为基础的，用于集约化农业与自然保护设计的土地利用分化体系，为乡村景观的重新设计与城市土地利用的协调起到了重要作用。

（四）英国

英国是世界上最早进行工业化革命的国家，同时在乡村景观建设与保护方面也走在世界前列。英国的乡村田园景观历史悠久，举世闻名。庄园式的城堡，道路两侧绿草如茵，一望无际，这样优美的乡村景观与英国各级政府长期从事乡村景观立法和保护是分不开的。

20世纪50年代，英国政府出台了《村镇发展规划》，在此后的二三十年中，由于城市生活环境的逐渐恶劣，一部分城市居民开始回到乡村，这对乡村的环境产生了威胁，于是英国政府又颁布了《英格兰和威尔士乡村保护法》，大力建设乡村公园，引导公众加入乡村景观建设。政府严格控制乡村开发建设，大力发展种植业，保护农业田地，形成城乡一体的规划管理模式。

英国拥有众多的国家级官方乡村景观设计与保护机构，它们既独立工作，又展开广泛的合作，协作进行调查研究，以期取得自然与文化遗产整体性设计与保护的共识。这样跨机构的高效沟通、协调与合作，使得人们重新认识了乡土文化，并在此基础上制定出一系列保护措施。其中“乡村委员会”在乡村景观设计与保护方面的成绩最为突出。

1968年，英国的“国家公园委员会”更名为“乡村委员会”，这是一

[1] 孙凤明：《乡村景观规划建设研究》，河北美术出版社，2018，第94页。

个由环境总署督导、支助的特别委员会，负责英国境内乡村景观保育与休憩服务业务，包括设计国家公园。“乡村委员会”的主要目标在于确保英国境内乡村景观得到完善的保护，基本任务就是保护与强化英国境内乡村自然美的特征，并设法帮助更多人体验到这些乡村自然风景与文化。“乡村委员会”的职责主要是为政府与国会提供有关乡村事务方面的咨询或建议；负责指定国家公园、杰出自然美的地区及划定遗产海岸；负责确定并设计国家步道系统；从文化和历史的角度，强化乡村居民的归属感。

自 1987 年开始，英国的农渔业和食品部陆续推动实施一系列的农业环境政策，包括环境敏感地区计划、乡村管理计划、有机农业计划、乡村通达计划、农田造林补贴计划、栖息地计划、高沼地计划等，这些计划对乡村景观的建设发挥了重要作用。下面以环境敏感地区计划与乡村管理计划为例进行分析。

环境敏感地区计划的实施，目的是要在具有高度环境价值的区域鼓励采用适当的农业经营方式，以保留并增加该地区在景观、历史与生态上的价值。通过该计划可以发现，农业与环境间存在着极强的相关性。每一个环境敏感划设区域都有一个或多个层级不同的规定，这些规定包含了景观设计建设的思想，如保护与管理环境现有的特征；将可耕地恢复成草原；维持河边草地的传统管理方式；维持湿地足够的水位高度；建立可耕地的边缘；维持石墙和树篱，等等。

英国的乡村管理计划最早由“乡村委员会”于 1991 年开始推动，而后在 1996 年则改由农渔业和食品部实际执行。乡村管理计划同样体现了英国乡村景观设计思想，谋求乡村景观功能的多样化，如维持景观的美学与多样性；保留并扩展野生栖息地范围；保存文化的特性；重建过去被忽略的土地；创造新的栖息地和景观；增加民众享受乡村生活与景观的机会。

1997 年，英国自然署、遗产署、“乡村委员会”在经过数年调查研究后，完成了全国性整体保护计划的乡村特征方案，该方案将英国划分为 120 个自然区与 181 个乡村特征区，[1] 并确定了英国乡村特征是景观、野生动植物与自然特色。上述 181 个乡村特征区划分的主要目的是从文化和历史的角

[1] 陈威：《景观新农村：乡村景观规划理论与方法》，中国电力出版社，2007，第 9 页。

度强化乡村居民的地方感，进而培养居民对自己家园的向心力，这些乡村特征区通常与自然区有相同的空间界线。乡村特征区的研究是以综合性分析与对英国景观特色的了解为基础。乡村特征的研究能够帮助乡村景观设计的决策者做出最佳的方案，以在乡村景观设计中体现出对地方独特性的强化或尊重。相对于过去景观设计与建设多集中在某些特定的区域而言，乡村特征的研究可向全国各地普及，它是景观特色的综合性分析，以一致的、组织的方法，让各个决策机构共同来确认、保存和增加文化景观设计的多样性。

英国颁布的与乡村景观设计相关的政策还有很多，2000 年，英国出台《英格兰乡村发展计划》，加强乡村发展规划和建设，以及对土地、水、空气和土壤环境问题的监督管理。2004 年，苏格兰颁布了《苏格兰乡村发展规划政策》。2007 年，欧盟出台了《乡村发展社区战略指导方针（2007 ～ 2013 年规划）》，加强乡村环境保护，大力扶持乡村企业发展，创建有活力和特色的乡村社区。2011 年，英国进行机构改革，设立乡村政策办公室，其在发展基础设施、提供公共服务等方面拥有较宽松的自主决策权。英国以保持乡村活力与可持续性为目标，重视乡村景观设计和建设，鼓励乡村采取多样化的特色发展模式。

（五）法国

法国的乡村景观设计从乡村景观的保护开始，为了保护乡村历史文化与自然资源，法国在 1913 年就制定了《历史古迹保护法》，后来在 1930 年又制定了《文化区域保护法》，这两个法令成为法国在乡村整治初期最常用的法令。然而，它们只是对建筑物更新和建筑环境具有影响力，对乡村发展过程中的自然空间以及视觉景观仍缺乏约束力。因而，1976 年在法国文化部和农业部的合作下又增订了《自然保育法》，使得乡村发展能在更完善的法令下进行。

1993 年，《开发和保护景观法》颁布，这是法国公布的第一部有关景观的专门法律，对于乡村景观设计具有指导意义。例如，如何开发乡村中的围篱、小溪，如何植树等，都能依照其中某一条适用的法律条款解决问题。关于景观的保护，该法律强调了要有选择性地保护那些有层次和系列视角的典型类目。1994 年，《景观法》颁布，这是一部强调实效性的法律，对景观的保护具有积极的作用。1995 年颁布的《加强环境保护法》中有关景观的条款也非常重视实效性，其中有禁止建造人造景观的规定。

法国将乡村景观与商业结合得较好，依托田园景观的设计开发农庄旅游项目，建立家庭旅馆。1988 年，法国农会常设委员会设立了农业及旅游接待处，并结合其他农业专业组织设计开发了专业组织网络，为农业规划明确定位，还规定旅馆的外观建筑特性必须按照当地的建筑风格来设计。

法国在乡村景观设计中还非常重视乡村治理并且获得了极大的成功。城乡一体化发展消弥了城乡之间的差异，每个村庄被治理得像一个小城市，具体论述如下。

第一，在乡村景观设计时，需要明确乡村景观设计是为解决乡村地区在发展过程中遇到的问题，并进行乡村资源的优化配置，促进乡村地区的可持续发展和当地居民的收入增加。实现这一点必须要有良好的生态环境和对乡村景观的保护。良好的生态环境和乡村景观既是乡村区别于城市的重要特征，也是其自身发展的根基；乡村地区地域文化的保护与传承包括当地的民风民俗、建筑特色、生产生活习惯、邻里之间的社会交往等。法国乡村地区时至今日仍然保留着许多拥有几百年历史的堡垒式建筑，乡村的生产生活习惯也一直延续至今，不断变化的是外部的交通可达性更加优越、活动娱乐设施更加完善、内部的生活更加舒适。法国的经验说明，只有明确了乡村景观设计的目的，才能更加合理地进行乡村景观设计。

第二，合理布局乡村产业。包括乡村景观设计在内的乡村规划要对乡村地区的产业布局进行合理调整，以实现乡村地区资源的优化配置。乡村作为人类的另一聚居形态，主要发展农业。同时，大规模的农产品生产也为乡村旅游的发展提供了大地景观艺术，典型的如法国普罗旺斯薰衣草和图卢兹的向日葵等。最终形成以第一产业为主，第二、第三产业共同发展的格局。

第三，建立平等合理的城乡关系。无论是在法国还是在西欧其他发达国家，城市与乡村总是保持着和谐的关系，而这种和谐关系是在城乡差异被消灭的基础上建立起来的。一个区域的资源与资本决定了其产业布局，乡村地区的生态资源与土地资本等决定了其与城市的重点产业布局不同，功能分工不同。乡村景观设计应从加强城市与乡村地区之间的联系、促进城乡的和谐发展等方面进行综合考虑。

（六）美国

20 世纪初，由于城市中心人口拥挤，加上汽车工业的发展、家庭汽车的普及，美国开始通过城乡一体化的发展策略推动乡村设施的建设，美国的中产阶级大规模向城市郊区迁徙，产生大量的郊区别墅。美国乡村有着完善的管理体制和规章制度，能够对经济社会进行统筹监管，并重视生态、文化、生活的多元化发展，这样的城乡一体化让美国成为世界上城市化水平较高的国家。

美国乡村受法规的约束需遵守严格的功能分区制度，明确划分土地使用类别。在城乡一体的理念下，政府对于乡村基础设施有着严格的要求，整体建设过程中必须保证“七通一平”（给水通、排水通、电力通、电讯通、热力通、道路通、煤气通和场地平整），规划时明确景观的功能，并做好环境保护。

在乡村景观设计方面，美国强调要考虑到设计可能对乡村社区资源与价值观造成的冲击。因此，在设计中应当考虑乡村特色与场所感、景观分类系统、乡村游憩设计与历史保护。在乡村经济的发展过程中，为了做到经济与生态的均衡发展，必须要了解地方特色，发展适合当地的产业。在可持续发展方面，由于每个乡村地区都有其特色，所以各地区发展策略也各不相同，可以让地区居民发挥创意、提高生产技术、思考发展远景。以美国芝加哥北部的 Prairie Crossing 农场为例，该农场的典型特征就是处在两条铁路的岔口，在 20 世纪 80 年代，Prairie Crossing 农场主要种植玉米和大豆，一些农田被无计划地浇筑成了硬质地面，出现城市化发展的影子，后来一位名叫盖洛德 • 唐纳利的自然风景保护者联合一些地产商将这片农场买了下来。他们买下这片农场是因为他们认识到典型的城市化发展将切断景观与人的联系，他们希望居住在这片土地上的人们能够享受美丽的乡村农业景观，他们主张把实用性与美学结合起来，对这片农场进行景观改造。[1] 在最初的设计中，首先考虑了村庄的建设位置、车辆出入方式、交通流通的方式设置以及

[1] 张碧华、严力蛟、王强：《美国芝加哥北部乡村景观建设对中国的启示》，《现代农业科技》2010 年第 9 期。

景观保护等问题。后来，这个项目从开始的仅仅以“保护土地为目的，建立一个小型的具有乡村特征的地块”演变为一个覆盖周围几千英亩范围土地保护的计划中心，包括保存这块土地上的乡村特色，建立一个拥有综合环境规范与功能的场所。设计师在对这块土地上的景观进行设计时，规划了乡村的整体绿化和一个农产品市场，对停车场、小路都做了细节设计。Prairie Crossing 农场附近本来有一个火车站，但是在设计时又增加了一个火车站，并在这个火车站周围新建了 100 多栋房子，房子的面积较小，而且也很简洁。火车站设计有一个占地超过 9000 平方米的广场，该广场能够让人们方便地到达火车站或其他生活设施区域。整体上，Prairie Crossing 农场的乡村景观设计为人们展现出一个通过洼地连通在一起的完整生态系统，设计师通过将房屋屋檐的水收集起来，结合当地湿地植物和牧草构成的自然环境，建造了“水庭院”小景观，实现人造景观的自然化。

此外，美国在推动乡村景观设计的过程中，特别强调公众的参与、地区整体均衡发展、人才的培养、景观环境美化体系的建立、地方意识与持续发展，并且要求景观设计必须考虑当地的特色与居民的认同。1985 年，在立法机关乡村小组会议的敦促下，美国成立了马萨诸塞州乡村中心。1986 年，该中心接受马萨诸塞州环境管理处的资助，为乡村景观保护制订了实用导则。由于这些导则直接指向解决乡村的发展问题，该中心把区域设计和景观设计结合起来，创立了“乡村景观设计”这样一门新的学科。另外，美国的福尔曼提出了一种基于生态空间理论的景观设计原则和景观空间设计模式，特别强调了乡村景观中的生态价值与文化背景的融合。

（七）韩国

韩国地形以丘陵、山地居多，20 世纪 60 年代，韩国在推进工业化和城市化的同时，也面临工农业发展严重失衡的问题。为了改变乡村的落后面貌，1970 年，韩国政府掀起了“新村运动”，目的是改善乡村生产与生活条件，增加乡村就业机会和农民收入，提高农业劳动效率，缩小城乡差距。“新村运动”涉及乡村社会、经济和文化各个层面，不仅改善了乡村居民的生活水平，提高了居民经济收入，更重要的是改变了村庄不合理的布局，美化了村庄环境。

“新村运动”以扩张道路、架设桥梁、整理农地、开发农业用水等作为乡村基础设施建设的重点，政府适时倡导自力更生，引导发展养蚕、养蜂、养鱼、栽植果树、发展畜牧等特色产业，因地制宜地开辟出城郊集约型现代农业区、平原立体型精品农业区、山区观光型特色农业区，极大地拓宽了农民增收的渠道。同时，农民收入的提高和富余资金的积累，为乡村景观设施建设创造了良好条件。在“新村运动”的刺激与推动下，韩国乡村景观发生了较大变化，“三农”问题也得到一定缓解。“新村运动”同时也有效地保护了传统的乡村景观。例如，分布于丘陵沟谷和河川平地之间的传统而安静的乡村群落和设计有序的梯田稻田、人工草地和果园，极大地推动了韩国乡村旅游业和生态旅游业的发展。借助良好的乡村景观，韩国政府开发了观光农园、农家乐、周末农园等。

韩国农林部实施的“景观保全直拂制”，专门针对乡村景观建设实施补贴制度，保护乡村特色景观，种植地域特色景观作物，全国一半以上的农户受益于此制度。之后，补贴对象增加到住宅、农艺、自然保护等方面。韩国用不到 30 年的时间超越了西方百年的乡村发展之路。经过“新村运动”，韩国乡村已经具备良好的基础设施和村庄景观环境，同时十分重视乡村景观的保护。韩国制定了乡村景观设计建设的多项法规，如《景观基本法》《乡村景观规划标准》等。在 2007 年开始实施的《景观基本法》中，包括了总则、景观规划、景观事业、景观协定和景观委员会等内容。法规对于乡村景观设计的主体、民意的征得、规划管理都有具体的要求。同年的《乡村景观规划标准》更加明确了景观设计的构成要素、设施景观设计与色彩设计等方面的内容。

（八）日本

20 世纪 60 年代，日本快速的城市化和经济增长让乡村地区人口严重外流，大量涌向城市，导致村庄衰落，且自然环境与传统民俗文物因大肆开发而遭到破坏。由此，民间开始自行组织发动主张保存历史民居的运动，即“造町运动”。“造町运动”主要表现在三个方面：其一，对传统建筑、聚落的保存；其二，对农业产业的振兴；其三，对地区生活环境的改善。“造町运动”主要由村民自发组织乡村建设，政府在乡村建设中只是起到引导与推广的作用，村民才是乡村设计建设的主体，民众主导的策略对保护日本传统乡村景观起了决定性作用。

1979 年，平松守彦为了达到把青壮年留在乡村、平衡城乡经济、发展特色农业的目的，提出了“一村一品”的造町运动目标。该运动是为了提高一个地区的活力，挖掘或者创造可以成为本地区标志性的、可以使当地居民引以为豪的产品或者项目，并尽快将它培育成为全日本乃至全世界一流的产品和项目。“一村一品”运动极大地激发了当地村民建设家乡的热情，彻底改变了乡村居民的物质和精神面貌。

20 世纪八九十年代，日本对乡村景观的系统研究也相继展开，涉及乡村景观资源的特性、分析、分类、评价和设计等各个方面。自 1992 年起，日本农林水产省和其他有关的社会团体联合举办了一个名为“美丽的日本乡村景观竞赛”的活动，以促进日本各方面对本国的乡村、山川、渔村、自然景观及人文景观美丽真谛的理解，保护环境的同时表彰被认为是美丽景观的乡村乡町，并促进其发展。“美丽的日本乡村景观竞赛”活动的评选分为三个组进行，每个组的评审条件各异。例如，历史文化组要求景观设计将地方历史文化遗产与周围景观协调配合，形成美丽的乡村景观。景观设计要能够继承并发扬历史文化传统、具有地方特色和乡村情调，具有魅力。景观设计要继承并发扬农、山、渔村特色，形成美丽的乡村景观。乡村组要求景观设计中的住宅立面景观、周围环境与地方居民生活协调，形成有魅力的景观。生产组要求景观设计中田园、耕地、森林等与农林水产有关的水产基地与其他相应的水产活动相协调，形成美丽的乡村景观。[1] 同时，日本开展了评比“舒适乡村”的活动。“舒适乡村”是指以乡村特有的绿荫浓密的大自然和历史风土人情为基础的宽裕、风趣、安乐的宜居乡村。通过该评比活动，推广依靠当地居民自身努力建设舒适乡村的先进典型，以促进乡村的治理整顿。

2004 年，日本国会通过了《景观法》，这是日本法律中第一次吸纳“景观”这一概念。《景观法》出台之前，日本各地的景观条例多种多样。因此，它整合了地方景观立法，使得景观法律的推行具有一致性。《景观

[1] 陈威：《景观新农村：乡村景观规划理论与方法》，中国电力出版社，2007，第 13 页。

法》的出台统一了地方立法上的法律用语，促使地方景观立法进行了相应修改。日本乡村景观设计的典型代表主要有越后妻有、河津町、田舍馆村等。

越后妻有位于日本本州岛中北部，日本著名艺术策展人北川富朗在这里举办大地艺术节，邀请世界各地艺术家前来参展。越后妻有大地艺术节从2000年开始举办，此后每三年举办一届，已经成为全球规模最大的国际户外艺术节之一。艺术作品与当地自然环境的有机融合让乡村景观发生了有趣的变化，展现了乡村景观设计别样的美感。在艺术节的带动下，越后妻有逐渐成为日本知名的旅游地，同时也带动了当地经济的发展。由于当地人口流失较为严重，出现了几百座废弃的空屋，艺术家将作品与这些房屋结合，形成了别样的乡村景观，在现存的359件作品中，有五分之一都是以空屋为场所或者是由空屋改造而成的。[1]举办大地艺术节的目的之一，就是让这些废弃的房屋以艺术的方式重新焕发出文化魅力，也激发了设计者对乡村景观设计与文化艺术结合的思考。

河津町位于日本静冈县伊豆半岛南部，这里的乡村景观主要是樱花，当地的河津樱花期开始的特别早，河津樱以粉红色的花朵为特色，花期很长，从开花至满开历时一个月，开花时节整个河津町地区都被染成浪漫的粉红色。每年2～3月，这里都会举行隆重的河津樱花祭，前来赏樱的旅游者高达百万人，场面热闹非凡。数千棵樱花竞相绽放，4千米的沿河赏樱大道绚丽灿烂。

田舍馆村位于青森县，这里的乡村景观以稻田为主，人们将稻田当作画布，在确定了主题后，制作设计图，按照设计图确定好不同种类水稻的种植范围，然后在水田中打下木桩，拉上绳子。只要在不同的区域种植指定色彩的水稻，初夏时水稻成长后，就能看到设计图上描绘的图案。为了让旅游者更好地观看稻田艺术，当地还专门建造了观景台。这些不同颜色的水稻描绘出各种美丽的图案，营造出别样的乡村景观。自1993年起，当地请来艺术家在稻田上设计各种巨大且色彩鲜艳的人物形象，形成了颇具艺术美感的乡村景观，这种稻田艺术观光也已成为当地旅游业的支柱。

总的来说，国外乡村景观设计可借鉴的经验主要表现在四个方面。

---

[1] 林方喜：《乡村景观评价及规划》，中国农业科学技术出版社，2020，第24页。

第一，制定法律法规。欧美乡村景观设计经历了不同的发展过程，其相似之处在于，各国都有比较完善的乡村景观法律法规体系，并深刻影响着乡村景观设计的发展和变化。乡村景观建设是一项需要长期发展的系统性工程，为了保障工程的顺利进行，必须建立完善的法律法规体系，必须要有统一的机构对法律法规进行监督执行。

第二，培养保护意识。欧美国家人少地多，其特有的乡村景观风貌的形成与各国各地区政府长期从事景观保护是分不开的。除了有关景观保护的法律法规外，无论政府机构还是民间团体或组织，他们的保护意识在乡村景观的保护中也发挥着重要作用。国外乡村生态景观设计建设的成功经验向我们展示出生态保护对经济可持续发展的重要意义。因此，乡村景观设计必须要保持与原有生态系统的平衡。

第三，注重自主创新。日本、韩国等亚洲国家人多地少，人地矛盾突出，与中国非常相似。但日本的乡村建设是民众主导的发展模式，改变了乡村经济依赖政府“输血”的被动发展局面，激发了人们自强、奋发、创新的精神，这对乡村景观设计、建设与保护起到了决定性作用。

第四，进行景观教育。国外将乡村景观设计与对乡村居民的景观教育联系在一起，通过乡村景观设计与建设竞赛，调动人们参与乡村景观设计的积极性，增强了他们对家园的自豪感和认同感。

另外，是否做到了以人为本是判断乡村景观设计好坏的一条重要指标，国外乡村景观设计都是为了改善当地人的生活环境、提高人们的生活质量，通过精心、合理、科学的设计，改善当地人们的生活状态。因此，我国在进行乡村景观设计时，也必须坚持以人为本的理念，采取最佳的设计方案实现经济效益与生态效益的最大化，实现乡村的可持续发展。

二、国外乡村景观设计理论的发展

自 20 世纪五六十年代开始，欧洲一些国家和地区就开始对乡村景观进行规划设计研究，几十年来不断完善相关理论体系。景观生态学家鲁兹卡和米克洛斯提出的景观生态规划理论与方法体系（LANDEP），以及德国哈伯等人用于集约化农业与自然保护规划的 DLU 策略系统，在乡村景观的重新规划与城市土地利用协调方面产生重要影响，对世界乡村景观设计发展起到了巨大的推动作用。

（一）LANDEP 方法体系

鲁兹卡和米克洛斯在总结了已有的设计方法和模型之后，提出了一套系统的景观生态设计方法 LANDEP，包括综合的景观生态学分析、景观组成要素的系统调查和分析、景观样地的生态评价和优化的土地利用建议等方面的内容。在 LANDEP 系统中，景观生态数据和景观利用优化是景观生态设计的两大核心。景观生态数据主要包括分析和综合两个部分，分析是通过对景观及其区域中生物和气候、地质地貌、土壤、水文等非生物组分，以及景观结构、生态现象和过程及社会经济状况等的调查和分析，用以形成设计的基础信息。综合则是在分析的基础上，借助图层的叠置等手段建立生态同质的景观基本空间单元，并利用分类、分区和一些区域分析指数为规划提供可靠的空间结构状况。景观利用优化是景观生态设计的核心，其目的是通过将空间单元的属性与景观的社会需求和发展相比较，在评价具体人类活动或土地利用空间单位适宜程度等级的基础上，根据景观生态学准则，提出景观中最适宜的活动安排的建议。

（二）DLU 策略系统

德国和荷兰等国也是进行景观生态学研究和乡村景观设计较早的国家。德国的哈伯等人建立了以景观生态学应用为基础的 DLU 策略系统，用于集约化农业与自然保护规划。DLU 策略系统在乡村景观的重新规划设计与城市土地利用的协调方面起到了重要作用。DLU 策略系统是适用于高密度人口地区的土地利用分异战略，其景观整体化设计规划主要有五个步骤。

第一步，进行土地利用分类。辨析区域土地利用的主要类型。根据生境集合而成的区域自然单位来划分，每一个区域自然单位有自己的生境特征组，并形成可反映土地用途的模型。

第二步，进行空间格局的确定和评价。对由区域自然单位构成的景观空间格局进行评价和制图，确定每个区域自然单位的土地利用面积百分率。

第三步，进行敏感度分析。识别那些近似自然和半自然的生境族，这些生境族被认为是对环境影响最敏感的地区和最具保护价值的地区。

第四步，分析空间联系。对每一个区域自然单位中所有生境类型之间的空间关系进行分析，特别侧重于连接的敏感性以及不定向的或相互依存关系等方面。

第五步，进行影响分析。利用以上步骤得到的信息，评价每个区域自然单位的影响结构，特别强调影响的敏感性和影响的范围。

DLU 策略系统主要利用的是环境诊断指标和格局分析对景观整体进行研究和规划。在利用该规划方法进行工作的过程中，哈伯等人总结出土地利用分异战略：第一，在一个给定的区域自然单位中，占优势的土地利用类型不能成为唯一的土地利用类型，应有 15% 左右的土地为其他土地利用；第二，对集约利用的农业或城市与工业用地，应至少有 10% 的土地表面必须保留为诸如草地和树林的自然单元类型，并且这 10% 的自然单元应或多或少地均匀分布在区域中，而不是集中在某一个角落，这在乡村景观设计中能够让一定数量的野生动植物与人类共存；第三，应避免大片均一的土地利用。

第二节　国内乡村景观设计的发展

在很长一段时间里，我国的乡村景观都是自然形成的，人为干预较少。随着经济社会的发展，人们对乡村景观的认识发生了较大变化，乡村景观是实现乡村经济发展的重要因素，对乡村景观进行合理的设计规划有利于实现乡村自然、经济、社会的发展。

一、国内乡村景观设计的发展概述

有关中国乡村景观的研究可以从 20 世纪 80 年代末说起，当时的经济地理部副主任郭焕成在“黄淮海平原乡村发展模式与乡村城镇化研究”中，从地理学的角度研究了乡村景观的一些问题。目前，乡村景观的发展主要通过村镇规划与建设来体现。根据目前的状况来看，全国许多村庄编制了建设规划，这对推动和促进乡村景观的设计与建设起到了重要作用，也为乡村景观的发展提供了良好的机遇。尤其在经济发达的乡村地区，已经开始兴起乡村景观设计建设的高潮。不过，目前乡村景观设计重点集中在新建、改建村民住宅和公共绿地，以改善乡村居民的居住条件和居住环境。例如，地处河北邢台市的前南峪村，从20世纪90年代开始，就大力实施旧村改造工程，规划新建了80多栋二层小楼，新民居宽敞明亮、错落有致。先后投入1700多万元用于村庄的道路硬化、街院净化和村庄绿化，改善了人居环境。投资200多万元新建了文化广场、文化大院，完善了农民夜校、图书室、文化娱乐室等文化设施。村里兴办了幼儿园，翻新扩建了学校校舍，建起了农村卫生所，还办起了敬老院。[1]随着2005年建设社会主义新农村工作的启动和逐步开展，各省市通过不同的方式进行了试点工作，给乡村景观建设带来了难得的发展机遇。2016年合肥举办的“首届全国农业资源与环境论坛”上，也有关于乡村景观设计的报告。随着2017年国家“乡村振兴战略”的提出，乡村景观设计受到的关注也越来越多。2022年，“中国农业工程学会乡村规划与设计工程专业委员会”在北京成立，该专业委员会的成立，为我国乡村建设打造了一个全新的平台和载体，汇聚全国乡村规划设计的专业机构和专家力量，为乡村发展建设提供顶层设计和科学规划，为乡村全面振兴提供技术和智力支撑，助力乡村景观设计发展再上一个新台阶。

近两年新农村建设的重点是稳步推进村容村貌整治，积极开展村庄整治试点工作。坚持因地制宜、量力而行，突出乡村特色、民族特色和地方特色，立足于村庄已有基础，以改善农民最急需的生产生活条件为目标，优先整治村内供水、道路、排水、垃圾、废弃宅基地、公共活动场所、住宅与畜禽圈舍混杂等项目，逐步改变乡村落后面貌。新农村建设使乡村整体环境得到一定的改善，极大地促进了乡村景观的发展。为推动乡村景观规划设计更好地发展，国家陆续颁布了一系列推动乡村景观建设的政策。并且，从每个地区的实际情况出发，陆续确定了全国性的美丽乡村项目试点，稳步指导当

[1] 孙凤明：《乡村景观规划建设研究》，河北美术出版社，2018，第240页。

地乡村的规划与建设。为保障美丽乡村建设，国内出台了一些地方政策，如《浙江省美丽乡村建设行动计划》《安徽省生态村建设管理办法》等，这些地方政策针对各个地方乡村特点提出，为加快当地乡村景观设计建设提供了指导和帮助。无论是国家层面还是省市层面，乡村景观设计都得到了积极的政策支持，中国的乡村景观设计已经逐步建立起系统化的理论基础，能够较好地组织乡村环境中的各种景观要素，运用多学科理论，在符合自然规律的前提下，对乡村各种景观要素进行整体设计，使乡村景观具有中国本土乡村特征，继承了我国乡村聚落的特性，弘扬了中国乡村文化，展现出中国乡村独特的美。

目前，在有条件的乡村地区，乡村景观的规划、建设与管理大多采用统一规划、统一设计、统一建设、统一管理的方式，这在很大程度上得益于当地经济发展水平的提高。在经济发达的乡村地区，村办企业成为乡村经济的主体，村民既是农民又是企业的职工，他们农忙时务农，平常和城里人一样按时上班。而村干部兼任企业的厂长或董事长，他们把村庄的规划建设当成是企业给职工的一种福利，组织和安排村里各项事务，并依靠村办企业为乡村建设发展提供雄厚的经济支持。在管理上，有些乡村还组织企业退休职工建立卫生队、绿化队，对乡村环境的美化、维护与管理起到了积极的作用。

二、国内乡村景观设计的发展动因

很长一段时间里，我国乡村一直在一些困难的状况下发展，往往忽略了乡村景观的重要性，乡村景观设计与建设的兴起应该说是一件值得高兴的好事。现代乡村景观设计除了要考虑自然本身的因素影响之外，最需要考虑的就是社会因素，社会因素在乡村景观设计中所起的作用越来越大。促进我国现代乡村景观设计发展的因素主要体现在以下三个方面。

（一）国家政策的引导

国家的各项政策是乡村景观设计发展的前提，对乡村景观设计与建设具有重要的引导作用。这些政策既涉及与乡村建设直接有关的土地、规划、建设等方面的法规、政策，又涉及国家针对乡村经济发展制定的其他政策，国家政策对乡村景观设计的发展起到了良好的推动和引导作用。

20 世纪 90 年代以来，国家先后颁布了一系列村镇规划法规和技术标准，如《村庄和集镇规划建设管理条例》《村镇规划标准》《村镇规划编制办法》等。这些村镇规划法规和技术标准，初步建立了我国村镇规划的技术标准体系。2017 年国家提出"乡村振兴战略"，乡村景观设计作为实现乡村振兴的一种方式受到越来越多的关注，国家层面的指导也在持续跟进。2018 年，文化和旅游部会同有关部门共同研究制定的《关于促进乡村旅游可持续发展的指导意见》中就有鼓励专业人士参与乡村景观设计的指导意见。2019 年，农业农村部发布的《2019 年农业农村科教环能工作要点》中也能看到加大包括乡村景观设计在内的关键核心技术的攻关力度和模式集成的要求。总的来说，国家政策的引导能够让我国乡村景观设计更好地发展。

（二）规划水平的提升

高起点、高标准、高质量的村镇规划是乡村景观建设的依据，乡村景观是否能健康持续地发展直接取决于设计规划水平的高低。如何充分考虑和利用当地的自然景观和人文景观创造出丰富多彩、具有地方特色的乡村景观一直是村庄规划探讨的问题。目前，各地都开展了"文明村""示范村""中心村""生态村"的建设和试点，极大地推动了村庄景观设计规划的编制工作，以优化居住环境为原则，注重设计规划的科学性、超前性和可操作性，为乡村景观设计规划编制进行积极探索起到了示范指导作用。目前来看，已经通过的村镇建设规划，强调了景观设计规划的内容，力求在改造和完善乡村景观风貌的同时，突出各自的特色。

（三）经济发展的支撑

在国家政策、农村发展和农民自身需要的推动下，自 1978 年起，尤其是在 1984 年之后，中国的乡镇企业异军突起，成为乡村景观设计与建设的经济保障。从对乡村经济发达地区的实地调查来看，村办企业成为乡村经济的支柱。村办企业的发展为村里各项事业的发展提供了雄厚的经济基础，乡村居民的生活质量得到显著提高，村庄建设日渐完善。目前许多村庄除了改善村民的居住条件外，还投资村里的公益事业，包括兴建集中公共绿地和各类活动中心，开展环境整治等。还是以河北邢台市的前南峪村为例，从2005年开始，村里投资3000多万元，建起板栗产品加工厂和产品冷藏库，使板栗生产走上了产业化发展道路。产品加工增值，延长了产业链条，促进了当地农村劳动力就业，拉动了山区农村经济发展。后来村里利用企业发展的收益，投资建起了乡村采摘园、体验园、三星级宾馆，更加凸现了绿色、生态、低碳产业的功能效应。

从国内外乡村景观设计发展的实际例子来看，乡村景观设计的发展与经济社会发展、生态环境保护意识的提高有着较为紧密的关联，人们通过乡村景观设计来实现乡村发展，同时也更好地保护了自然环境，促进了人与自然的和谐共生。未来，乡村景观设计将继续朝着更加有利于人与自然可持续发展的方向前行。

第四章

乡村振兴背景下的乡村景观设计的方法研究

自从党的十九大提出实施乡村振兴战略以来，全国各地纷纷掀起建设美丽、富强乡村的浪潮。乡村景观设计作为乡村建设中必不可少的内容，自然也得到广泛关注。本章在对乡村景观设计的目标和原则进行探究的基础上，重点论述乡村景观设计的程序和方法。

第一节　乡村景观设计的目标

乡村景观具有独特的乡村形态、乡村内涵，会产生特定的景观行为，一般呈聚落形态。一般情况下，乡村景观由小的比较分散的农舍和比较聚集的提供生活必需品的集镇构成，整个区域的人口密度比较低，土地使用比较粗放，呈现出明显的田园特点。

乡村景观规划遵照景观学的原理，目的是解决与景观相关的经济问题、生态问题、文化问题。在景观规划的过程当中，应该合理建设，协调景观资源和建设目标之间的关系。通常来说，开展乡村景观规划，需要先调查了解乡村景观的特征及景观的价值。在此基础上，通过景观规划，减小人们对乡村环境产生的不确定性影响。然后根据景观的主要特征，以及地方的文化和经济景观发展进程，将景观的自然特性、经济特性、社会特性进行整合，形成景观系统。

乡村景观规划需要考虑自然景观的生态、特色及功能，结合经济及社会文化的需求，对自然景观资源进行合理、高效的利用，即对乡村的自然生态环境进行合理的优化。在不破坏景观的前提条件下，对景观内部的人类活动做出科学合理的规划，实现乡村景观的可持续发展，即对乡村内部的农业生产活动进行合理安排。在不破坏当地自然景观和建筑特色的基础上，对生活民居建筑进行合理的设计。

所以，在进行乡村景观设计的过程中，需要对乡村的自然环境进行合理优化，对农业生产活动进行合理安排，对人们生活民居建筑进行合理设计，有效地协调三者之间的关系，通过乡村景观设计创建人类生产生活和自然景观和谐发展的局面，实现乡村景观和乡村经济与文化的可持续发展。这是乡村景观规划设计的基本目标。

第二节 乡村景观设计的原则

一、可持续发展原则

实施可持续发展战略，走可持续发展之路，是乡村发展的自身需要和必然选择，这也是乡村景观设计中重要的规划原则。对于乡村来说，可持续发展的核心是发展，在发展中协调和解决好资源、经济和环境等问题，实现乡村景观资源的可持续利用。

二、城乡一体化、资源合理化配置原则

城乡一体化是指在实现城乡之间资源、信息、技术、资金的流通，摆脱城市对乡村资源单方掠夺式的发展，形成工业—农业互补互惠的同步发展模式。

城乡一体化中，城市的发展不能以牺牲乡村的发展为代价，乡村的资源不能只是单一地为城市服务，城市工业也要反哺农业，要做到发展的均衡和资源的合理分配。乡村有自身的资源优势和文化优势，这些优势本身就可以转化为发展的资源，如绿色经济、乡村旅游、有机农业、观光农业等，这些产业都有着极大的发展潜力。城市有其自身的技术优势、智能优势、资金优势，可以从技术、智能和资金上对乡村进行扶持。在可持续发展的战略目标下，高耗能、低产出的产业必将被淘汰，乡村也应在经济发展中注重产业类型的可持续性。

要深入挖掘乡村资源，包括以农业生产为核心的文化资源、人力资源、土地资源，挖掘农业的边际效益和溢出价值，进行合理开发、综合利

用。同时要注重乡村景观资源价值的利用。随着社会的发展，文化经济已经成为社会发展的重要引擎，要对乡村的景观资源进行综合开发和利用，发挥乡村的文化优势。从全世界的角度来看，中国传统村落的种类和内涵丰富多彩，而真正承载、体现和反映中华农耕文明精髓和内涵的就是这些传统的村落。

三、整体设计原则

在开展乡村景观设计中，应当遵循整体设计原则，主要是由两方面决定的。一是乡村本身就具有整体性的特征。二是乡村景观设计性质的要求。

首先，乡村是一个和谐的有机整体，这种整体性体现在生态整体性、文化整体性和风格整体性三个方面上。

生态整体性体现为乡村景观是一个完整的生命系统，组成景观系统的各个要素不是各自独立、互不相关的。景观的各个要素是在整体的约束下相互作用、相互制约，才形成了景观的整体结构和功能。这种整体性表现为水平关系的整体性和垂直方向的连续性。

文化整体性表现为人文过程的可持续性。一个乡村在发展过程中会形成居民之间的文化认同，包括语言、风俗习惯、思维和行为模式，以及生产方式。不同的文化认同使得各个民族在文化上各不相同，对于某一地域而言，这种文化认同具有空间性，同时也具有时间的连贯性。

风格整体性指文化的视觉形象的一致性和可比较性。如建筑形态、服装、色彩、饮食等，这些外在视觉形象构成了不同地域的物质形态。它们彼此之间相互联系、互为影响，体现了一种和谐与完整。

其次，乡村景观设计本身就要把乡村各种景观要素结合起来，作为整体考虑，从景观整体上解决乡村地区社会、经济和生态问题的实践研究。这决定了乡村景观规划不是某个部门单独能实现的，而是众多利益部门共同协作完成的。因此，在规划中，不仅要考虑空间、社会、经济和生态功能上的结合，而且要考虑与相关规划的衔接，只有从整体设计的角度出发才能真正确保乡村的可持续发展。

四、保护生物和景观多样性原则

乡村地区是生物和景观丰富的区域。依据独立景观形态分类，乡村景观类型包括乡村聚落景观、网络景观、农耕景观、休闲景观、遗产保护景观、野生地域景观、湿地景观、林地景观、旷野景观、工业景观和养殖景观共十一大类。乡村景观具有多样性特征，是生物和景观（含自然景观和人文景观）多样性保护的主要场所。在乡村景观改变和设计中，保护文化和自然景观的完整性和多样性，保持、提高乡村景观的生态、文化和美学功能，是必须坚持的一条基本原则。

五、因地制宜原则

因地制宜在乡村景观设计中强调地域特色和乡土文化的外在体现。它表达的不是一种一成不变的设计模式，而是在设计中尽可能多地使用乡土材料，表现地域风貌特点，从而使景观与环境能够更好地融合。由于全国各地农村的自然和人文环境存在多样性，乡土景观在设计的时候必须遵循因地制宜的原则，对不同类型的村庄需要提取出不同的设计元素，这样才能够保证乡村景观的地域性和可识别性。但是因地制宜不能够仅仅表现为区分不同地域内的景观，即使同一地域，也要根据具体情况进行比较区别。景观最终还是需要与环境相协调，无论历史文化遗产，还是古村落景区，抑或其周边景观的设计，在传统的传承和发展上都应有一个彼此相适应的平衡点。

六、可识别性原则

可识别性是指事物能有效地被人们所认识。乡村景观设计要从建筑形态、比例空间、色彩材质上进行突出，通过对这些要素的合理设计，使乡村形象具有鲜明的特色，具有自己的主题与特征，从而更有利于形成乡村的可识别性。

乡村景观的可识别性以地域为尺度，强调地域的差别性。要注意的是，在强调乡村景观的可识别性原则时，要保证乡村内部之间也要具有统一之下的差异、协调之下的对立，也就是要符合乡村景观设计的整体性原则。

七、公众参与原则

乡村景观设计不仅仅是一种政府行为，同时也是一种公众行为，这在于乡村景观更新的受益主体是广大乡村居民。乡村景观规划只有得到乡村居民的广泛认同，才有实施的价值和可能，因此乡村景观规划必须坚持以人为本、公众参与的原则，这不仅体现在主观认知上，更重要的是落实在规划方法上。

八、以人为本原则

在乡村景观设计中，应当遵循以人为本的原则，从而实现设计服务于人的愿景。在设计规划过程中应该最大限度满足乡村居民对居住环境的需求，为他们提供一个舒适安逸的居住场所。另外，居民是景观的使用者，所以在设计中应该尽可能采纳当地居民的建议或想法，注重当地村民的风俗习惯。

九、经济发展原则

乡村是重要的经济地域单元，它承载着农村经济的发展。乡村的形态不同，经济地域的社会功能不同，所造成的乡村景观资源利用方式和人对自然的认知程度也不同。从总体而言，受农业技术、自然条件、自然资源禀赋、经济发展程度以及文化、风俗等多种因素的影响，农村经济的粗放性和低效性都是乡村经济发展的制约因素。目前，农业仍是乡村经济的主体，在乡村景观规划设计中，必须维持农业的完整性，促进人工生态系统建设，发挥乡村景观资源的农业生产功能。同时，面向美丽乡村建设，优化乡村交通廊道设计，大力发展乡村工业，建立乡村物流中心，促进乡村产品的市场流通。在保护乡村环境的前提下，全面推进乡村经济社会的可持续发展，是乡村景观规划设计中应该坚持的基本原则和出发点。

十、文化保护原则

乡村社区文化体系是具有相对独立和完整的地方文化，是乡村文化的遗产。乡村文化的继承性，是乡村文化得以保存的根本。它反映特定社会历史阶段的乡村风情风貌，是现代社会认识历史发展和形成价值判断的窗口。在景观设计过程中，能否挖掘和提炼出具有地方特色的风情、风俗，并恰到好处地表现在乡村景观意象中，是影响乡村景观设计成败的关键。在乡村景观规划中，切忌人为地割裂乡村文化发展脉络，必须重视当地居民的文化认同感，践行文化保护原则。

十一、景观美学原则

乡村景观不同于城市景观，它既具有自然美学价值又具有文化美学价值，在整体规划上必须符合美学的一般原则。

在设计中，通过景观规划更好地体现乡村景观美学功能，最大程度地维护、加强或重塑乡村景观的形式美。一般美学原则，主要包括韵律、比例、均衡三个方面。

（一）韵律原则

韵律是乡村景观元素有规律重复的一种属性，由此可以产生强烈的方向感和运动感，引导人们的视线与行走方向，使人们不仅产生连续感，而且期待连续感所带来的惊喜。在乡村景观中，韵律由非常具体的景观要素所组成，是将一种片段感受加以图案化的最可靠手段之一，它可将众多景观要素组织起来并加以简化，从而使人们产生视觉上的运动节奏。

（二）比例原则

比例是指存在于整体与局部之间的合乎逻辑的关系，是一种用于协调尺寸关系的手段，强调的是整体与部分、部分与部分的相互关系。当一个乡村景观构图在整体和部分尺寸之间能够找到相同的比例关系时，便可产生和谐、协调的视觉形象。在造型艺术中，最经典的比例是黄金分割，即部分尺寸与整体尺寸之比为 0.618 ：1。但在乡村景观空间规划设计中，常用多种方式处理景观要素的比例问题，其中最为常用的是通过圆形、正三角形、正方形等几何图形简明又确定的比例关系，调整和控制景观空间的外轮廓线以及各部分主要分割线的控制点，使整体与局部之间建立起协调、匀称、统一的比例。

（三）均衡原则

均衡是一种存在于一切造型艺术中的普遍特性，它创造了宁静，防止了混乱和不稳定，具有一种无形的控制力，给人安定而舒适的感受。人们通过视觉均衡感可以获得心理平衡，而均衡感的产生来自均衡中心的确定和其他因素对中心的呼应。由于均衡中心具有不可替代的控制和组织作用，在乡村景观规划设计上必须强调这一点，只有当均衡中心建立起了一目了然的优势地位，所有的构成要素才会建立起对应关系。

十二、开放性原则

乡村景观的开放性是指景观系统的生态开放性、非平衡性和景观资源使用的平等性。按照生态学系统论的观点，景观是一种通过物质、能量、有机体、信息等生态流而形成的复杂系统。景观的结构特征是景观中物质、能量、有机体等空间异质分布的结果，是一种依靠不间断的负熵流维持其功能和特征的开放的非平衡系统。这种非平衡系统具有自组织性。熵是系统无序程度的量度，是系统不可逆性和均匀性的量度。系统的最终状态趋向均质化，是一种熵增过程，任何系统要维持一定的组织结构，必须存在一定量的负熵流。物质和能量的输入成为景观结构复杂性的第一决定因素，同时也决定了景观功能的潜力。景观资源的平等性是指人作为景观的参与者和使用者具有均等的权利。

乡村景观是所有人享有的开放的用于公共交往的领域。乡村景观规划就是要创造这种开放性的领域，满足村民进行交往的社会行为。这种开放性体现为社会的平等性和民主性，在景观规划设计中主要体现为享有空间资源的平等性。由于社会化程度的提高，乡村景观也逐渐由内向型转为外向型，体现在空间结构上为开放性和共享性的增强。乡村不再具有实在的围墙、沟壕，而是提供了更多供大众活动的开放环境和公共空间，增进了村民之间的沟通和联系，乡村景观也向外在世界展现出开放的姿态，这种开放不仅是资源的开放，更是资源利用的合理分配。

传统乡村大多是封闭的、内向的，每一家都有独立的院墙，乡村的公共空间少。乡村的范围小，人际交往的频率高，具有很强的地缘关系。人们的彼此交往可以促进形成对乡村的认同感、归属感和安全感。因此，乡村的景观规划设计要适当增加这种开放性，创造更多的户外的活动空间和公共环境，容纳和支持村民的户外活动。开放空间的设计要考虑如下问题。

第一，开放空间设计要注重开放空间系统布局。一个良好的乡村环境应是由宏观、中观、微观不同层次的开放空间共同组成的，它们在形态上表现为点、线、面的特性，“点”是指微型公园、街头绿地，道路交叉口、小公共空间等节点空间；“线”是步行街、林荫道等线形空间；“面”是指中心公共空间、码头等面状空间。乡村景观设计在对以上开放公共空间设计时要从定位、定量、定形、定调四个方面来把握。

第二，开放空间设计要注意塑造空间的“人性化”。在塑造开放空间环境时，应满足人们的生理、心理、行为、审美、文化等方面的需求，以达到安全、舒适、愉悦的目的。注重宜人的尺度，增强空间的协调感和认同感；强调参与性，环境设施不应仅具有观赏性，更应创造条件让人们活动，使审美、参与、娱乐相互渗透与结合。同时提倡开放性，建筑总体应打破“画地为牢”的固有思维，拆除不必要的围栏护墙，还空间于公众。

第三，开放空间设计促进交往。在塑造开放空间时，应促进人们的交往，包括提供良好的景观条件、场所及环境供人们休息、交流。环境要向心围合。此外，场所应保证有充足的阳光，适应季节变换。

十三、设计引领原则

设计引领是针对乡村景观长远发展而提出的一个重要营建原则。设计引领包括两方面内容：一是针对乡村发展进行长远规划与顶层设计，用规划蓝图规范和引导乡村景观建设的方向，使建设工作有目标、有方向、有步骤地开展。二是发挥设计在乡村景观建设中对村民的引领作用，村民作为乡村的主体，对当地的自然环境、人文历史背景、居民需求都有着深刻的认识，发自内心地希望世代生活的村庄建设得更加美好。这就要求设计师以专业的水准和要求引导村民参与乡村景观营建的过程，逐步提高村民对当地风土人情的审美认知，增强村民对保护历史文化遗产的责任感，加深村民对乡土景观营造相关知识与技术的理解。要促使村民知道自己不仅是乡村景观的使用者，更能成为乡村景观的创造者，提升村民对乡土景观的认识高度，使村民具有参与乡土景观建设与维护的能力和积极性，使乡村景观在之后的使用过程中，得到保护、延续、有机更新与发展。

第三节　乡村景观设计的程序与方法

一、乡村景观设计的程序

乡村景观规划既是对现行村镇规划的补充和完善，又具有相对的独立性，既具有一般景观规划必备的程序与步骤，也有其特殊性。针对不同地域规划程序中的具体步骤会略有差别，但总的规划过程大体是相同的。乡村景观规划程序一般包括以下七个阶段。

（一）委托与前期准备

1. 委托

当地政府根据发展需要，提出乡村景观设计任务，包括设计范围、目标、内容以及提交的成果和时间，并委托有实力和有资质的设计单位进行规划编制。

2.前期准备

接受设计任务后，规划编制单位从专业角度对设计任务提出建议，必要时与当地政府和有关部门进行座谈，进一步明确规划的目标和原则。在此基础上，起草工作计划，组织规划队伍，明确专业分工，提出实地调研的内容和资料清单，确定主要研究课题。

（二）确定乡村景观规划范围

根据乡村景观的基本特征及景观规划的完整性和一体性，对县级建制镇以下的广大农村区域所作的景观规划皆属于乡村景观规划的范畴，其具体范围一般为行政管辖区域，也可根据实际情况，以流域和特定区域作为规划范围。按照规划任务可以分成六类，具体包括：①乡村景观综合规划设计；②以自然资源保护为主的规划设计；③以自然资源开发利用为主的规划设计；④农地综合整治规划设计（农地整理规划设计）；⑤乡村旅游资源的开发、利用和保护的规划设计；⑥乡村聚居和交通的规划设计。

（三）乡村景观资源利用状况调查与分析

乡村景观资源利用状况调查与分析，既是乡村景观合理规划的基础，又是乡村景观规划的依据。在进行乡村景观规划时，乡村景观资源利用状况调查与分析是一项重要内容，通常作为一个专题进行研究。

1.乡村景观资源利用状况调查分析的资料收集

在进行乡村景观设计与规划时，需要深入调查分析乡村的景观资源及资源的利用情况，主要涉及以下三个方面的内容。

第一，乡村土地的使用现状和历史资料。资料主要包括土地使用状况分析数据、土地变更数据、土地利用概括图、土地使用权属图、土地档案及土地相关的利用研究报告等。

第二，乡村景观主要资源资料。资料主要包括区内资源的具体地理位置、土壤和植被的具体资料、乡村气象气候相关资料、乡村地形地貌相关资料、乡村以往自然灾害资料、矿产资源资料、乡村的水文资料等。

第三，乡村人文资料及社会经济资料。人文资料主要包括乡村的文化资料、风俗资料、人文景点分布资料、人文背景资料等。社会经济资料主要包括乡村行政组织资料、人口情况资料、乡村国民经济的统计资料、乡村经济及社会发展计划资料、乡村地理位置资料、乡村交通情况资料、村镇分布资料、历史发展演变资料等。

2. 乡村景观类型、结构与特点分析

（1）乡村景观类型与结构分析

在收集基础资料的基础上，辅之以区域路线调查和访谈，详细掌握区域乡村景观的类型，包括乡村自然资源、人工景观资源和文化资源的类型，并分析其数量、质量和价值以及在空间上的表现形态等。

（2）乡村景观资源的特点分析

根据自然、社会经济、文化等层面的宏观分析，明确乡村景观资源的优势、分布与开发利用前景，同时分析乡村景观资源开发利用中的问题，以及对乡村景观可持续利用管理、乡村人居环境改善、自然保护等因素的限制作用，其中着重强调现有乡村景观利用行为对乡村景观资源保护与升值的破坏作用。

3. 景观空间结构与布局分析

景观空间结构与布局分析可以采用两种方式：一是按照景观斑块 — 廊道 — 基底模式分析；二是按照乡村景观资源，特别是土地利用的空间与布局进行分析。

（1）按照景观斑块—廊道—基底模式分析

以“景观斑块 — 廊道 — 基底”模式展开分析，以景观单元为划分标准，对区域内的斑块信息、廊道类型、廊道性质、空间分布、基底之间的作用关系进行调查和分析，通过分析结果判断出景观的敏感区域、景观的类型，为景观规划提供参考。

（2）对土地利用的空间与布局进行分析

对土地的空间结构和空间布局展开分析，可以将土地的使用现状作为分类标准，对土地的使用类型、使用数量、使用比例及使用空间展开整体分析，主要包括耕垦土地、森林用地、园地、放牧用地、居民居住地、矿产用地、水资源用地及未经开垦利用的土地，还要分析土地将来的使用权力，为

土地的使用提供全面的分析数据。

4. 景观过程分析

景观过程是生态学名词，指景观格局在时、空尺度上的连续或非连续性变化。它对景观格局变异、景观主体功能具有强烈影响。按照景观功能的人文、生态和文化因素，可将景观过程分为以下五种类型。

（1）景观的破碎化过程

景观的破碎化过程主要受人类活动的影响，指的是人进行的系列活动使景观破碎化的过程。人类活动，如公路、铁路、渠道、居民点建设，大规模的垦殖活动，森林采伐等都是引起景观破碎的因素；另外，自然干扰，如森林大火，也是引起自然景观破碎的因素之一。现在，景观破碎过程主要是由人为因素引起的，它对区域的生物多样性、气候、水土平衡等产生了巨大的影响，也成为引发许多生态问题的主要原因之一。景观破碎化过程，包括地理破碎化和结构破碎化两种过程，可以在同一比例尺下、同一景观分类标准下，根据不同时段的景观图，采用多种景观指数进行综合分析。在此基础上，可以根据不同景观类型的性质，分析景观破碎化过程对规划区景观结构和功能的影响。

（2）景观的连通过程

景观的连通过程本质上与景观破碎的过程是相反的。景观连通过程对景观的经济、生产和生态功能具有重大的作用，与景观破碎化有相同或相似的功能效应。景观的连通过程可以通过结构连接度和功能连通性的变化进行判断。

其中，结构连接度是斑块之间自然连接程度，属于景观的结构特征，可以表示景观要素，如林地、树篱、河岸等斑块的连接特征：功能连通性是测量过程中的一个参数，是相同生境之间功能连通程度的一个度量方法，它与斑块之间的生境差异呈负相关。景观通过斑块的连通性变化，在某些情况下能引起景观基质的变化，可以逆转区域生态过程直至产生重大的环境变化。

（3）景观的文化过程

我国乡土文化源远流长，沉淀着中华文明的文脉，而且随地域不同呈现出不同的文化和风俗，具体体现在区域的文物、历史遗迹、土地利用方式、民居风貌和风水景观上。通过调查分析和访谈，发现具备当地地方特征的乡土文化和风俗的表现形式，有意识地在乡村景观规划中加以保护，并结合乡村景观更新进行科学的归纳和抽象化，按照与时俱进和保护发展乡土文化的基本原则，以适当的形式在景观规划中进行表达，这对体现乡村景观的地方文化标志特征、增强乡村居民的文化凝聚力和提高乡村景观的旅游价值具有重要的作用。

（4）景观的迁移过程

景观的迁移过程包括物质迁移过程、能量迁移过程和动物迁移过程这三部分。

①物质迁移过程。物质迁移过程包括以土壤侵蚀和堆积、水流、气流为主的几种过程。判断物质迁移的主要过程，并对引发迁移的影响因素及其过程机制进行分析，可以有目的地防止物质迁移过程对景观功能和空间布局产生的负面影响，并提出相应的乡村景观规划对策。

②能量迁移过程。能量迁移过程是能量通过某种景观物质迁移而发生的流动过程。分析景观资源中潜在的能量、释放或迁移方式，对于化害为利具有重要的价值。

③动植物迁移过程。动植物的迁移过程包括动物的迁移和植物的传播，是景观生态学的重要研究内容。在自然保护区的规划设计中必须对动物的迁徙和植物的传播过程、途径进行深入研究，为保护生物栖息地和迁移廊道提供科学依据。

（5）景观的视觉知觉过程

在以往的建设和生产中，由于不注重环境美学的研究，产生“视觉污染”。为了消除“视觉污染”，同时避免在乡村景观更新中产生新的“视觉污染”，而对乡村景观美学功能形成损害，必须对乡村景观的视觉知觉过程进行分析。在景观规划发展中，目前已经发展了一套用于景观视觉知觉过程的原理和方法体系，如景观阈值原理和景观敏感度等，为在乡村景观规划设计中充分体现景观的美学功能提供了科学方法支持。

5. 乡村景观资源利用集约度与效益分析

乡村景观资源利用集约度与效益，是衡量乡村景观资源开发利用程度的重要指标，可以针对乡村景观资源生产、生态、文化和美学的潜在功能的发挥程度和效益，借助投入产出等经济学方法进行分析。

（1）乡村景观资源利用集约度分析

从经济学角度出发，资源利用的集约度是指单位面积的人力、资本的投入量，对文化、美学资源以及土地的投入量。针对农地资源，特别是耕地资源，其集约利用度可以从机械化水平、水利化水平、肥料施用量、劳力投入量等方面进行衡量，对于文化和美学资源利用集约度可以根据区域文化和美学资源的开发投资强度来反映。

（2）乡村景观资源利用效益分析

效益分析包括经济效益、社会效益和生态效益分析。乡村景观资源利用的经济效益是指景观资源单位面积的收益，并以较少的投入取得较大的收益为佳；乡村景观资源利用的社会效益可以通过乡村景观资源为社会提供的产品和服务量进行定量或定性分析；对于乡村景观资源利用的生态效益，可分析乡村景观资源利用对生态平衡维持和自然保护所造成的正面或负面影响程度，用水土流失、沼泽化、沙化、盐碱化、土地受灾面积的比例变化做定量描述，同时可以对生态的影响机制来作定性描述。

6. 乡村景观资源利用状况分析

通过乡村景观资源利用状况分析，要总结乡村景观资源利用的演变规律、利用特征、利用中的经验教训、存在的问题和产生的原因，并提出合理利用乡村景观资源的设想。其主要内容包括：基本情况概述，如自然条件、经济条件、文化风俗、生态条件等；乡村景观资源利用的特点与经验教训；乡村景观资源利用中的问题；乡村景观资源利用结构调整的设想；维护、改善乡村景观资源生产和服务功能的途径；提高乡村景观资源综合利用效益的建议等。

（四）开展乡村景观评价

乡村景观评价是乡村景观规划设计的基础和核心内容，其贯穿整个乡村景观规划设计的过程，而其根本任务就是建立一套指标体系对乡村景观所发挥的经济价值、社会价值、生态价值和美学价值进行合理评价，揭示现有乡村景观中存在的问题和确定将来发展的方向，为乡村景观规划与设计提供依据。按照其评价目标，乡村景观评价主要包括乡村聚落与工业用地立地条件评估、景观生态安全格局分析、乡村景观格局评价、景观美学质量评价、景观阈值评价等。

1.常规的乡村景观评价内容

（1）乡村聚落与工业用地立地条件评估

乡村聚落与工业用地是乡村地域内重要的人工景观，在乡村经济社会持续发展中具有重要的地位，同时其布局和选址合理与否对乡村景观整体功能发挥具有重要的作用。目前，乡村人居环境建设和工业选址主要考虑生产功能和方便程度，对景观的生态、文化和美学功能缺乏统一的考虑，往往对乡村景观的整体功能形成损害，造成了所谓的外部不经济性的问题。乡村聚落与工业用地的立地条件评估就是针对上述问题，考虑乡村聚落和工业用地的物理限制因素之外的有关景观生态、文化、美学和经济交通等方面的因素，对乡村聚落与工业用地的可容性（协调性）、可居度等的评价，为乡村景观功能的整体优化，消除乡村经济社会发展所带来的外部不经济性提供依据。

（2）景观生态安全格局分析

在现实景观中，景观格局与景观生态过程密切相关，而且在一定区域内，某一景观生态过程的导向和物流、能流和强度往往受一些关键景观类型和点、线所控制，这些关键景观类型和点、线在空间上形成一种格局，称为景观生态安全格局。分析景观主导过程，寻找相应的景观生态安全格局的点、线和面，并保护、加强和改变景观生态安全格局中战略点、线和面，对于在乡村景观更新中保护、加强、改变景观生态过程和功能具有重要的意义，并能在乡村景观规划设计中起到画龙点睛的奇效。

（3）乡村景观格局评价

景观格局包括景观组成单元的多样性和空间配置。由于空间格局影响生态学过程（如种群动态、动物行为、生物多样性、生态生理和生态系统过程等），且格局与过程往往是相互联系的，所以我们可以通过研究空间格局来更好地理解生态学过程。因为结构比功能容易研究，如果可以建立两者间的可靠关系，那么在实际应用中格局的特征可用来推测过程的特征（如利用乡村景观格局特征进行生态监测和评价）。因此，乡村景观格局评价可以通过分析一些格局指数（景观丰富度指数、景观多样性指数、景观优势度指数、景观均匀度指数、景观聚集度指数等）的变化，来揭示乡村景观的生态学过程，从而更好地保护和维持乡村生态环境，是乡村景观评价的一个研究领域。

（4）景观美学质量评价

乡村景观除了具有保持生态环境及提供一定数量的生物量和生物物种的功能外，还具有景观美学观赏及游憩价值。景观的美学价值是在景观信息系统与景观审美意识系统相互作用过程中反映出来的，而景观审美意识系统是多层次的，它们与景观信息系统的各个层次相互作用，从而产生相应层次的景观美学价值，各个层次的美学价值又构成了一个景观美学价值系统。基于上述认识，在景观美学质量评价中应该明确两点。第一，对景观内部自然结构的审美评判，一般具有一些认同的审美标准，这是景观美学质量评价的基础。第二，受民族、风俗、地理、文化背景、科学素养和文化层次的影响，人们在审美评判上有不同程度的差异，这种差异在专家和公众之间最为明显，主要反映在新、奇、美（外在美）价值和意蕴美（内在美）价值层次上。

因此，乡村景观的美学质量评价不同于其他方面质量评价，它不能用数量直接表示。一方面，美学质量好坏本身是一个较为模糊的尺度，不同的人对同一景观的评价结果不同；另一方面，同一个人对同一景观从不同的角度去评价其美学价值，结果也不同。因此，为了能使评价相对公平、公正、合理，最好要求一定数量的具有一定专业素质的人员或专家对其美学质量进行评价。

（5）景观阈值评价

景观阈值是指景观作为一个系统，其对外界人为干扰的抵抗能力和同化能力，以及遭到破坏后的自我恢复能力。景观阈值包括两个方面，一是景观的生态阈值，二是景观的视觉阈值。

生态阈值普遍存在于各个生态系统中，主要指的是生态系统在几个状态下突然转变的点或者区域。

景观的视觉阈值是对景观视觉特征的评价，主要取决于各组成部分的视觉特征，以及相互之间的对比度，以及植被和地貌对可能引入的人工景观的遮掩能力。

景观阈值评价可在不同层次（不同比例尺）上进行，要考虑的相应因素也有所不同，其基本程序是先根据各单一因素分别进行阈值评价，并制定阈值的分级分布图，然后将各单因素分级分布图叠置，获得景观阈值综合分级分布图。

2. 其他乡村景观评价内容

除了上述一般性的乡村景观评价内容以外，在乡村景观规划设计中有时还涉及特殊景观资源的评价和保护。特殊景观资源是指具有特殊保护价值的文化景观和自然景观，包括具有历史文化价值的文化遗迹以及具有潜在科学和文化价值的地质遗产、不同保护级别的自然景观等，对规划区的上述特殊景观资源进行分类整理、分析和评价，以及分析乡村景观更新中对其价值所造成的冲击，是乡村景观规划设计中不可或缺的评价分析内容。对特殊景观资源的评价分析一般由专家定性完成，对于乡村景观更新中的特殊资源的冲击评价，可采用环境影响评价的流程完成。

（五）乡村景观规划方案设计

针对我国乡村现存的资源利用不合理、生活贫困、聚落零散等问题，我国乡村景观综合规划一般涉及乡村景观整体意象规划、乡村景观功能分区、乡村产业地带规划三个方面。同时可视具体情况进行乡村景观的专项规划设计，如乡村聚落规划设计、交通廊道设计、自然保护区的规划设计、田园公园的规划设计、农地整理规划设计等。在上述基础上，按照规划任务，设计不同的规划目标，进行多方案设计。

1. 乡村景观整体意象规划

乡村景观意象是在乡村景观建设的基础上所渗透的景观意象思想，其形成需要有历史过程，以及乡村景观的硬质景观要素和软质景观要素的共同基础。

从乡村景观意象规划的目的来看，重点关注乡村景观的可居住性、可投资性和乡村景观的可进入性。景观意象规划的三个目标正好体现现代乡村作为居住地、生产地和重要的游憩景观地的三大景观价值和功能。乡村景观可居住性是乡村人居环境建设的重要特征，也是乡村景观规划的重要内容。可居住性面向当地居民居住环境质量的提高，使乡村不仅成为乡村居民重要的永久性居住空间，而且是城市临时性第二居所的重要空间。乡村的可投资性是乡村经济景观、乡村城镇建设以及乡村基础市政服务设施持续改善和提高的动力源泉。可投入性不仅使乡村能够吸引当地的投资，同时更能吸引更多的外来投资者加入乡村建设。因此，可投入性要求乡村景观具有较强的吸引力，或具有较好的发展预期。而乡村的可进入性则全面关注乡村的社会、经济和生态环境的发展现状，乡村游憩产业的发展是乡村可进入性的重要特征。

2. 乡村产业地带规划

根据我国乡村区域的经济功能（含第一、第二、第三产业），承载在乡村区域上的人类行为主要包括农业、采矿业、加工业、游憩产业和建筑业行为体系。具体行为有粮食种植、经济作物种植、养殖（水产畜牧）、地下开采、露天开采、农产品加工、重化工业、机械加工制造、建筑材料工业、大型工厂建设、乡村野营、游泳、划船、骑马、自行车户外运动、高尔夫运动、登山、滑雪、自然探险、生活体验、风俗民情旅游、古聚落旅游、农产品销售市场、公共交通服务、零售服务、住宿服务、餐饮服务、居民住宅建设、乡村公园建设、乡镇规划等。

针对规划区域，第一，应该根据当地社会经济发展战略、社会经济发展水平、技术条件和景观资源的禀赋，进行市场调查和科学分析，在保护和合理开发乡村景观资源并确保可持续利用的前提下，确定规划区域产业发展规划设想；第二，依据各产业对景观资源条件和属性的需求，进行适宜性评价，形成各产业适宜性地带；第三，依据各产业发展目标、先后次序和适宜程度，确定乡村产业地带规划。

在进行上述综合层面规划的基础上，可视具体情况进行乡村景观的专项规划设计，如乡村聚落规划设计、交通廊道设计、自然保护区的规划设计、田园公园的规划设计、农地整理规划设计等。在规划过程中，可根据任务要求和区域具体情况设定不同的规划设计目标，进行多方案设计。

3. 乡村景观功能分区

在进行乡村景观功能分区之前，需要对乡村地区的整体景观资源进行调查。然后在尊重当地乡村居民需求的前提下，按照科学的景观理论来进行具体的景观功能分区设计。设计要明确乡村发展的总体特征、格局及发展方向，而且要注重乡村未来的方向转化。具体来说，乡村景观功能的分区过程是从空间角度分析景观类型、景观价值、景观内的居民活动、景观的发展问题、景观的开发利用及如何解决景观问题等。进行整体的分析之后，将资源基础、人类活动特征、存在问题与解决途径、未来发展方向相同或相似的景观类型在空间上进行合并，形成具有相同景观价值与功能的景观区域。依据乡村景观中存在的问题和解决途径及乡村可持续景观体系建设的原则，一般可将乡村景观划分为四大区域，即乡村景观保护区、乡村景观整治区、乡村景观恢复区和乡村景观建设区，并可依据实际情况划分亚区，如乡村景观保护区内可划分为基本农田保护亚区、湿地保护亚区、天然林保护亚区和古迹保护亚区等。

乡村景观的功能分区对于整体的景观规划来说至关重要，它从空间的角度上明确了乡村景观规划未来的更新方向、具体任务。与此同时，乡村景观的功能分区完善了规划的具体细节，为景观规划提供了空间控制的基础，也明确景观规划的用途，提出了如何解决景观规划问题的办法。

（六）乡村景观规划设计方案优选过程

方案优选是最终获取切实可行和合理的乡村景观规划的重要步骤，同时是面向社会各阶层修改乡村景观规划设计方案的基础。多个乡村景观规划设计方案优选可以通过以下三个过程。

1. 环境影响评价

鉴于社会经济发展过程中所带来的环境问题，国际上非常重视景观规划和工程设计的环境影响，以免人类对资源的过度利用行为对环境产生较严重的负面影响。我国政府非常重视生态环境保护与建设，并将景观规划和工程设计必须进行环境影响评价纳入法律范畴。环境影响评价可以针对规划区域的特点，以及乡村景观规划中的景观更新方案，针对景观单元本身和周围生态环境影响，以及对生物和景观多样性、栖息地保护、地质环境、独特自然景观的影响，建立评价指标体系，采用定量评价方法，评价规划设计方案的环境影响程度，回答规划设计方案对环境影响的大小，以及对生态环境改善的促进作用等，为决策层和公众选择规划设计方案提供科学依据。

2. 公众参与

由于规划的实施主体为规划区域民众，如果规划设计过程中没有当地民众的广泛参与，或规划方案没有得到公众的认同，乡村规划设计方案也就丧失了具体实施的基础，即使能够得以实施，其效果也不会很理想。从国际趋势来看，公众参与是规划设计中的一个必要步骤，并已成为规划设计方案得到广大民众支持与修改完善的重要手段。就目前我国农村的基本状况而言，许多乡村居民的认知能力比较低下，仅仅采用公布设计结果的方式无法让当地民众真正地了解乡村景观规划设计，不能获得理想的公众参与效果。因此，为了改善这一情况，可以让规划设计人员积极地与乡村居民交流，询问他们的意见，获得他们对规划设计的认同。

3. 经济评价

经济评价是乡村景观设计可行性分析的主要内容。乡村景观规划设计方案的经济评价应做到：①按照规划设计对景观更新的成本和费用进行预算；②采用经济分析方法，如投入 — 产出法、费用效益分析法等，对投资回收期、产投比等进行分析；③对乡村景观规划更新费用的融资渠道，以及当地政府和居民的承担能力进行分析。综合上述分析，提出不同乡村规划设计方案的经济可行性。

（七）乡村景观规划实施与调整

根据规划内容确定实施方案，使规划得以全面实施。在实施过程中，伴随客观情况的改变及规划实施中的新问题，为了保证规划设计的现时性，需在不破坏原有方案的基本原则下对原规划方案进行一些修正，以满足客观实际对规划的要求。

二、乡村景观设计的方法

（一）资源调查方法

在开展景观设计之前，需要展开详尽的资源调查，具体常用到的资源调查方法主要有以下几种类型。

1.利用遥感数据进行资源调查

乡村地区土地覆被的类型和空间分布是乡村景观规划设计中的基础数据。目前，利用遥感数据已经成为获取上述数据的重要手段，同时辅助于其他信息源。在乡村景观资源遥感调查中，一般按照乡村景观资源分类、资料准备、建立解译标志、野外校核、遥感制图的程序进行，解译方法有人机交互解译、计算机自动解译等。

2.开展专业补充调查

在收集相关资料时，在土地利用、植被、水文、地质、农业、林业、牧业、交通运输等信息的基础上，按照调查精度和保持资料现时性，一般视情况需要进行专业补充调查，并在原有图件基础上更新建库。

3.通过农户调查和访谈获取资料

进行乡村景观规划设计，需要大量的社会经济、文化和风俗方面的资料，而这些资料往往需要通过调查获得。一般通过农户调查和访谈等方法获取第一手资料，然后通过系统整理抽取有用的数据。

（二）设计的分析与综合法

乡村景观规划设计相关数据、资料的分析和综合过程，是通过对原始数据进行分析和综合，抽取对规划设计有用数据的一种过程。分析和综合方法有定性、定量和动态分析方法。乡村景观规划的分析和综合方法有空间统计学方法、系统动力学方法、因果分析方法、预测方法等。

1. 空间统计学方法

空间统计学方法包括空间自相关分析、半方差分析、趋势面分析等。由于乡村景观规划设计涉及景观格局演变分析，空间统计学方法已经成为景观动态格局变化和过程分析中的主导方法。

2. 系统动力学和因果分析方法

系统动力学和因果分析方法对于定性和定量分析景观资源系统和社会经济系统中的各子系统和要素之间的关系以及变化过程具有重要价值，有助于系统的辨析和主导问题的发现。而聚类分析、因子分析和主成分分析可以定量地分析区域系统演变的主导因素。

3. 预测方法

预测方法在分析规划区域人口、土地生产能力、社会经济发展前景、土地覆被动态变化情景中具有重要的价值。按照宾夕法尼亚大学沃顿商学院营销学教授斯科特·阿姆斯特朗的分类，预测方法包括分解法、外推法、专家预测、模拟仿真和组合预测等几类。特别值得一提的是，俄国数学家马尔可夫的预测方法（马尔科夫链）已经在景观动态预测中得到广泛应用。

（三）设计的模仿与再生法

模仿学认为，艺术的本质在于模仿或者展现现实世界的事物。[1]模仿是通过观察和仿效其他个体的行为而改进自身技能和学会新技能的一种学习类型。模仿也是乡村景观设计中的一种基本方法，通过模仿乡村对象、乡村生存环境，学习并传承当地文化，可激发设计师个体创作的灵感。例如在江西农村，经常可以看到一种草垛景观，当地村民将收割后的稻草就地堆放在田地或者院子里，用于生火做饭和对食物进行保温储藏。对这种具有地方生产生活特点的乡村景观形式进行保留和拿来创造，就不失为一种好的设计。中国不同地域展现出不同的乡土景观特征，尤其在建筑外墙、地铺、木作的结构形式等方面值得深入调查研究，在设计中模仿再生，延续乡土建造文化，

[1] 张琪、纪田园主编《主题空间设计》，江苏美术出版社，2018，第 56 页。

可唤起观者的共鸣。

再生需要经过一定的时间积累，保持原有美的形式，在新的生产方式和生活方式作用下，尊重当地风俗习惯，经过一系列的艺术加工，创造和发展出新的展现形式。在贵州肇兴侗寨，村寨内将农业景观场景在村寨景区广场前集中再现，游人下车之始马上能感受到本土农耕景观的特点。乡土景观的再生立足于当地的社会历史文化，艺术地还原或再现村落，延续文化特征。四川北川新城在灾后的重建是对传统羌族民居的传承和再生，建成了宽阔整洁的现代化街区乡村（图 4-1）。

图 4-1　北川新城一隅

第五章

乡村振兴背景下的乡村景观设计实践

乡村景观是一个开放性的生态环境，合理开展乡村景观设计对乡村的发展和新农村建设都具有重要意义，是实现乡村振兴的重要途径。乡村振兴背景下，要提升乡村景观质量水平，关键是从整体上整治乡村风貌，修复和维护乡村特色景观环境，使得乡村更加宜居。开展对传统乡村风貌的整治既需要合理地规划乡村布局，还需要整治乡村传统建筑。乡村风貌整治不是孤立地针对乡村居住环境展开的，还需要考虑乡村环境与周边环境的关系，促进乡村地区可持续发展。乡村整治中提升传统乡村景观环境需要充分利用乡村原有自然条件，让乡村中各个功能空间互相融合。乡村村落是乡村中最重要的人文景观，整治乡村环境时要合理地规划布局，调整好村落中各空间的主次关系，凸显村落的乡村文化底蕴。在对乡村村落环境进行整治时需要注意，村落要依循乡村习俗和民族风俗，合理规划宗祠建筑。乡村景观整治中，针对乡村建筑的修缮要具体问题具体分析，年久失修的建筑可以酌情整治恢复，使用状况较好的建筑可以适当修补、美化外观。整治乡村建筑不应破坏乡村建筑的原有风貌，应当尽量采用与原建筑相一致的材料和工艺进行修缮，达到“修旧如旧”的效果。乡村中具有历史意义的建筑应当明确其文化定位，修复成为乡村文化遗址。本章以万源市三官场村为研究对象，致力于通过乡村景观设计来还原乡村传统村落景观，带给人们原真性的乡村体验。研究立足于空间和体验两个维度，从宏观视角探究了乡村振兴背景下，乡村景观设计的具体实践。最后通过国内外案例分析、设计、实践，结合体验经济和乡村村落的保护和利用理论，提出万源三官场村在文化旅游体验中质量提升和村落文化的保护、传承策略。

第一节　乡村景观设计实践的设计策略

一、乡村景观设计实践的研究内容

（一）利用文化资源素材，重构乡村景观模式

通过实地调研、分析调查问卷，深入发掘万源三官场村独特的墓葬文化、三合院四合院的古建群落、荔枝古道的历史文化、村落历史典故等传统乡土文化，找到影响三官场村传统村落文化旅游景观体验质量的要素指标，从而解决传统村落过度开发、千篇一律的问题，营造拥有自身特点的文化旅游景观体验，提升自然文化品质。从而达到保护和利用现有资源，活化传统村落的目的。

（二）深挖乡村非物质文化，营造民俗文化氛围

通过对三官场村村落的文化体验、设计，合理利用乡土景观，对古墓群石雕石刻艺术及非遗技艺、传统三合院四合院建筑非遗木结构工艺、荔枝古道文化进行开发，建立荔枝古道文化主题公园，寓教于乐。合理开发旅游景观展示途径，运用现代科技手段再现历史文化场景，提升旅游者的文化体验感，营造特色民俗文化氛围。

（三）加强乡村情景交流，构建生活文化体验

通过对三官场村乡村景观的构建，带动三官场村旅游业的发展，进而促进当地茶业、服务业发展，拉动经济增长，增加农民收入。改变传统村落人口外流、空心化的现状，为保护传统村落增加经济来源，促进三官场村文化资源的可持续发展。

（四）发挥乡村资源优势，加强农耕文化互动

结合三官场村自然资源，发挥当地茶业种植优势，打造开发采茶、制茶的互动体验，增加旅游者的参与感，丰富景观内容体验，带动农业产业发展，为万源市文旅强市战略、为四川省打造“最美古村落”品牌、为国内其他地区解决古村落活化开发提供借鉴。

（五）整合乡村文化产业，拓展文化教育路径

通过对三官场村村落文化进行深入挖掘，开发荔枝古道文化教育，提取文教内容，如杜牧的诗《过华清宫绝句（长安回望绣成堆）》。开发唐诗词的科普文化墙、诗词大会。对墓葬石刻上的书法艺术进行提取，开展书法教育并与当地中小学合作。寓教于乐，拓宽和创新三官场村文化景观体验范围，拓展三官场村文化产业发展途径。

二、乡村景观设计实践拟解决的关键问题

（一）缓解乡村村落的空心化问题

利用三官场村文化资源素材，解决乡村旅游景观特别是传统村落旅游景观中文化体验感弱的问题，深入挖掘三官场村文化资源，创建人与环境和谐共生的乡村村落发展模式，助力人口回流，从而解决古村落空心化问题。

（二）通过文化景观打造带动经济，解决保护村落的资金来源

打造文化景观，如修建村落观赏道路，修旧如旧，注重历史脉络的体验性；开展雕刻匠人工艺展示，进行小场景演绎；利用数字技术，建立古墓群三维数据库，建立文化博物馆，通过三维技术银屏再现古墓群；追寻三官场名字由来的三种传说，打造探寻文化的景观；通过舞台剧再现荔枝古道典故场景等。围绕构建乡村生活情境体验项目可以开发乡村特色美食体验、乡村民宿体验等项目，积极号召当地村民参与，在拉动经济发展的同时提高村民收入。

（三）构建弘扬乡村文化景观，避免传统村落同质化，发展地方文化体验型村落

文化旅游的核心在于“体验”，基于此，三官场村文旅旅游体验项目可以分为三个层面：第一，三官场村自然文化体验。三官场村具有丰富的山林、田野资源，可以将之开发为文化体验项目。第二，三官场村历史文化体验。三官场村的传统民居建筑、墓碑、建筑遗址等能够带给旅游者丰富的历史文化体验。第三，三官场村民俗文化体验。旅游者可以在三官场村体验当地的人文风俗、地域民俗。乡村文化不是一成不变的，而是会在不断发展中更新。三官场村还可以根据时代发展的需求开发文化教育体验项目、农耕文化体验项目等，为旅游者提供丰富的体验项目，提高旅游体验的质量。

第二节　乡村景观设计实践的文化体验分析

一、乡村景观的文化元素

乡村振兴背景下，旅游是促进乡村发展的重要推动力，而乡村旅游要不断地探索和丰富旅游项目，找到本地域的核心旅游吸引物。我国拥有悠久的农耕文化历史，在城市急剧扩张的背景下，不少都市人怀揣着对农耕文化的怀念来到乡村，因此，乡村应当将文化作为旅游的核心吸引物。乡村文化的类型多样，单一的文化元素不具备强大的旅游吸引力，辐射和吸引的旅游群体较小，因此，乡村应当开发多元旅游文化，以具备更广泛的旅游吸引力。乡村在开发地域性旅游文化元素时，先要深入挖掘乡村中所蕴含的各种文化元素，再根据乡村现有旅游资源的情况，合理地为不同类型的文化配置资源，且资源配置中要突出重点，厘清主次。一般而言，乡村景观中的文化元素可以根据是否存在实体分为物质文化资源和非物质文化资源。乡村地区的村落选址布局、村落空间格局、村落街巷院落、传统民居建筑以及历史环

境要素等都可以归为乡村的物质文化资源。其中，乡村的历史环境要素包括乡村的山体面貌、水体形态、古代河道、古老树木等自然的历史环境要素和文物古迹、传统农耕工具等人文的历史环境要素。乡村地区的著名历史人物和事件，地域宗族文化、地域曲艺美术文化、特色手工艺文化以及地域风俗节庆文化等都可以被归为乡村的非物质文化资源。

二、乡村景观的文化体验主题

美国经济学家约瑟夫·派恩和詹姆斯·吉尔摩在《体验经济》一书中提出：体验营销是从心理学的角度出发，运用观察、聆听、使用、参与的方式，充分调动人们的感官、情感、思考、行动、关联等方面的体验，刺激体验者进行消费的营销活动。再结合美国学者伯德·施密特关于体验营销策略的理论进行推理、演化，可形成传统村落景观规划设计的四种文化体验主题，以及文化体验媒介。乡村景观规划中首先要明确景观体验的主题，以保障乡村整体文化格调的统一与和谐；其次应当力求做到“一村一品”，即每个乡村旅游地都应当营造鲜明的文化主题，以突出本地的旅游核心竞争力。根据马斯洛的需求层次理论，人类的需求是逐级上升的，旅游者在满足了生理、安全、尊重等方面的需求后，会有更强的文化体验和精神体验需求。因此，乡村景观设计要立足于文化体验，全方位地打造主题文化体验项目，让旅游者能够获得文化层面的高级满足。具体而言，乡村景观的文化主题主要有情感主题、思考主题、行动主题和关联主题。

（一）情感主题的乡村景观

情感主题的乡村景观注重的是在旅游者游览乡村景观的过程中，通过景观设计来触动他们的内心，带给他们别样的情绪感受。设计情感主题的乡村景观时，要让他们在游览中感到愉快、欢乐；或者为旅游者创造思索的空间，让他们在游览过程中能够获得沉淀。情感主题的乡村景观可以将重点放在乡村民俗文化中，让旅游者深度体验乡村民俗艺术、传统习俗，为旅游者创造怀旧的空间，向他们展示各种乡村非物质文化特色。

（二）思考主题的乡村景观

思考主题的乡村景观对旅游者的思维能力有一定的要求，旅游者在思考主题的乡村景观中需要充分发挥主观能动性，最终通过旅游过程中的系列文化体验和自主文化学习形成对旅游地的整体文化印象。思考主题乡村景观的开发重点在于乡村文化“博物馆”，包括各种遗存的乡村建筑、传统村落、文化遗址等，旅游者能够在体验乡村文化的基础上，深入理解和反思乡村文化的发展和演化。可以说，思考主题的乡村景观不仅要在旅游过程中带给旅游者深度的文化体验，还要让旅游者在离开后能够“带走知识”，以此受益。

（三）行动主题的乡村景观

行动主题的乡村景观是乡村体验旅游发展的新途径，通过行动，旅游者得以全身心地投入旅游的过程中，获得深度体验。行动体验中，旅游者在乡村自然环境与文化环境的滋润下获得身体与精神的双重满足。行动主题乡村景观的开发重点在于乡村体验的获得，包括乡村农耕体验、采摘体验、打鱼体验、丰收体验等，乡村旅游地要创造更多的行动主题景观，让旅游者真正贴近乡村的生产生活，融入乡村的环境之中。

（四）关联主题的乡村景观

单一的主题有时候无法满足旅游者的多种需求，因此，乡村旅游地还可以开发关联主题的乡村景观，将情感、思考、行动等主题的乡村景观结合起来。需要注意的是，关联主题中要区分不同主题的主次关系，突出重点。

三、乡村景观的文化体验类型

（一）民俗文化体验

乡村在发展中形成了丰富的民俗文化，主要表现为乡村特色生产生活方式、乡村的地域民族习俗等，乡村旅游可以以此为核心开发民俗文化体验项目。可供开发的民俗文化包括历史文化，可以围绕本地著名历史人物和重要历史事件展开；宗教宗族文化，可以围绕本地宗教习俗和宗族风俗展开；文化艺术，可以围绕本地曲艺、美术、手工、文献等展开。简而言之，乡村的节日、美食、表演等都可以成为民俗文化体验的重要项目，乡村旅游地可以通过开设特色菜参观项目，号召非遗传承人演绎非遗文化，组织乡村居民开展民俗演出等来丰富旅游者的民俗文化体验。旅游者在体验乡村民俗文化时，可以满足自身对乡村生活的向往；在了解新奇的乡村习俗的过程中，满足“求新、求异、求知”需求。

（二）教育文化体验

教育文化体验中，旅游者致力于扩展个人视野，增长见识，积累知识。乡村教育文化体验项目的开发要围绕具有文化传承、科普教育意义的乡村物质文化或非物质文化展开，让旅游者在旅游过程中收获知识，产生文化共鸣。乡村传统生活中的一房一物都可以说是乡村文化的载体，乡村旅游地可以通过对传统乡村街巷院落、古老民居、古树、文物、遗址等的开发来传承乡村文化，带给旅游者文化启发。

（三）农耕文化体验

乡村是工业社会中农耕文化的保留地，在快节奏的城市生活中，不少旅游者渴望在乡村获得农耕体验，感受过去人们“日出而作，日落而息”的慢生活方式，释放城市生活中的压力。乡村要为旅游者打造深度农耕文化体验项目，让旅游者在观赏农业景观、参与农事中获得放松，与乡村环境相融，摆脱城市的喧嚣。许多乡村开设了家庭农场、果蔬采摘园等农耕文化体验项目，此类项目常被亲子类旅游者所青睐，父母可带着孩子参加农事体验，在锻炼身体、放松心情的同时，增长农业知识。

（四）娱乐体验

娱乐体验指的是乡村景观设计中的各种文化娱乐活动体验的综合。许多乡村旅游区在持续的发展中发展势头衰弱，前景黯淡，而积极开发娱乐体验项目可以在一定程度上解决这一问题。乡村旅游区为旅游者提供丰富多彩的娱乐体验活动，可以让他们玩得更舒心和畅快。乡村旅游区在开发娱乐体验项目时，要秉持创新的原则，积极借鉴其他景区的成功经验，丰富娱乐体验项目的类型，为乡村旅游发展注入新活力。

四、乡村景观的文化体验媒介

要提升乡村文化景观的体验效果，就需要完善乡村景观的感知体验设计。感官是人类感受外界的重要媒介，人类以感官为媒介所进行的文化体验是具有过程性的，人们在连续的来自眼、鼻、嘴、耳、手、足等感官的刺激中，直接或间接地获得外界信息，信息传递到大脑，最后形成综合性的体验。基于人类的感官，乡村景观体验的感官媒介可以分为视觉媒介、听觉媒介、嗅觉媒介、味觉媒介和触觉媒介五大类型。基于视觉媒介，旅游者可以直观地感受到乡村景观的具体面貌，包括色彩、空间等，乡村自然景观大都是通过视觉媒介被旅游者所感知的。基于听觉媒介，旅游者可以聆听乡村中的各种声音，包括虫鸣鸟叫、风吹雨落等，古诗词中“雨打芭蕉”的景观就是通过听觉媒介传递的。基于嗅觉媒介，旅游者可以感知到乡村景观中的各种气味，包括花香、草木气息、炊烟、饭菜果蔬香等，不同的乡村场景有不同的气味，而气味往往能够给旅游者留下持久的印象。基于味觉媒介，旅游者可以得到深入的体验，如品尝农家菜、茶叶、水果、蔬菜等。基于触觉媒介，旅游者可以获得对乡村景观的直接心理感受，如鹅卵石小路带给脚的感受，湿润的青苔的触感，草地的触感，古老树木的触感等。总之，乡村文化的体验是通过各种感官媒介来传达的，因此乡村景观设计中要围绕五大感官媒介进行有效的设计。

第三节　文化体验视域下乡村景观设计原则

旅游者获得的文化体验指旅游者通过切身的体验和经历，理解和感悟人类在漫长的改造自然过程中所创造的物质与精神文明，成为文化的传承者，并在文化传承的过程中实现自身价值。传统乡村村落蕴含着古朴的文化，文化体验视域下的乡村景观设计，自然需要做好乡村村落的保护工作。同时，社会在不断发展，乡村村落也应当与时俱进、不断发展，才能跟上社会发展的脚步。文化体验视域下的乡村景观设计，应当兼顾乡村村落保护与发展的问题。

乡村村落是孕育农业文明的空间载体，而城市则是工业文明的大舞台，快速城镇化让我国从传统的农业社会进入城市社会，与此伴随的是拥有独特的人文景观、历史建筑和乡土文化的传统村落正逐渐消失。2000 年，我国自然村总数为 363 万个，到 2010 年锐减为 271 万个，每天至少消失 100 个村落；2005 年还有 5000 个古村落，到 2013 年只剩不足 3000 个。[1]总体上说，中国传统村落的生存现状不容乐观，在一些地区则严重到“再不保护就来不及了”的关键时刻。

我国乡村村落保护与发展面临着诸多问题与挑战。其中，有些是乡村历史发展中遗存下来的很难解决、涉及层次很深的问题，有些是因思想观念、评价标准等差异而产生的问题。在乡村振兴背景下，乡村要贯彻新的旅游发展理念，构建新的乡村景观格局，积极解决问题。综合来看，文化体验视域下的乡村景观设计需要遵循以下基本原则。

一、原生性保护原则

深入探究乡村文化体验景观可知，乡村旅游地中最具有旅游吸引力的

[1] 付高生：《社会空间问题研究》，新华出版社，2018，第 176 页。

要数当地的文化氛围，因此，乡村景观设计中要积极保留乡村旅游地的原生景观，包括保持原始村落、习俗等的完整。原生性保护原则指的是，乡村景观设计中要尽量维持乡村原生景观的特征，对乡村村落的规划要尽量维持原貌，对乡村建筑的修缮要做到“修旧如旧”。具体而言，针对乡村景观的原生性保护主要可以分为两方面。

第一，保护乡村“硬件”的原生性。所谓的“硬件”指的是乡村原生的自然景观、人文景观，以及乡村传统生产生活中留下来的痕迹。乡村景观设计中要因地制宜地利用自然景观，如开放丘陵景观的山地风貌，开放平原景观的天然风貌，打造水域景观的水乡风情等。乡村景观设计要在保护的基础上利用人文景观，在利用的过程中对人文景观进行保护。

第二，保护乡村“软件”的原生性。所谓的“软件”指的是乡村特有的生产技艺、风俗文化、历史文化、宗族文化、宗教文化、非遗手工艺等。乡村旅游景观设计中可以将它们作为文化体验项目来打造，在丰富旅游者旅游体验的同时，促进乡村文化的传承。

二、地方性原则

我国幅员辽阔，不同地域环境、文化存在显著的差异，人们的生产和生活方式也存在较大的区别，因此乡村也有着各自的特征。乡村景观设计要根据地域特色明确定位，乡村旅游地只有充分挖掘本地域的独特景观，才能在当今趋同的旅游环境中脱颖而出。在地方性原则指导下，乡村景观设计应当重视对地方性村落景观的研究，打造具有特色的地域性旅游景观。文化体验视域下，进行乡村景观设计时要扎根于乡村地域文化之中，充分尊重当地的传统文化与风俗，领略当地传统景观中所蕴含的先人智慧，在地域文化中寻求景观设计的灵感，最终设计出既能满足现代乡村旅游需求，又能体现地域文化特征的乡村景观。此外，传统乡村建设大都是因地制宜，就地取材，因此，乡村景观设计中也要充分利用地方性材料，此举既能降低材料的运输费用，又能通过地方性材料来丰富景观的地域风情。

三、以人为本原则

乡村景观设计应当遵循以人为本的原则，设计中尽量促进人与自然的和谐。乡村传统村落面貌是对人类生产生活活动的反映，而文化体验视域下乡村景观的设计也是为了满足旅游者的需求，因此，需要贯彻以人为本的原则。乡村景观设计中始终要将旅游者的需要摆在首要位置，深度考量旅游者心理、生理、生活、娱乐、审美等多方面的需求，并为他们提供人性化的旅游体验。文化体验追求感官与情感的双重感受，依托文化体验主题和文化体验类型等理论支撑，通过一系列的体验式景观设计创造环境优美、实用舒适、道路便捷、具有宜人尺度的活动空间，增加景观的互动参与性。使旅游者通过体验活动和自主学习激发求知欲，产生独立的思考，满足体验者对于传统村落田园景观、传统生产生活方式的追求和对于深层次体验的基本诉求。

四、主题定位原则

主题定位原则指的是，乡村景观设计中应当“主题先行”，即先预设景观主题，然后根据景观主题的需求深入挖掘乡村地域中存在的相关文化元素，最后通过灵活运用本地物质或非物质文化元素来表现景观主题。文化体验视域下乡村景观设计的核心是文化，因此，景观设计中要以地域文化为重点，通过各种元素来表现旅游地的特色地域文化，让旅游者沉浸在浓郁的地域文化氛围中，获得沉浸式的文化体验。乡村旅游地在进行主题定位时，先要厘清本地的文化结构，然后找到本地文化体验旅游的核心竞争力，力求“人无我有，人有我精”，这样才能在同质化严重的乡村旅游地中脱颖而出。

五、整体性原则

乡村村落景观的整体性是检验乡村景观保存完善程度的重要标准。乡村景观只有通过整体呈现才能最大程度地展现其“原汁原味”的魅力。因此，乡村景观设计中要遵循整体性原则，要促进乡村自然景观、乡村建筑景观与乡村文化景观的融合，让旅游者既能感受到清新优美的自然环境、古色古香的建筑环境，又能感受到深厚浓重的文化韵味。可以说，乡村中的各种景观元素融合成一个有机的整体时，乡村旅游地的魅力才能得到最大化呈现。文化体验视域下，进行乡村景观设计时，要立足于乡村景观空间的整体，从宏观上厘清乡村景观建设的逻辑，明确乡村景观的主题定位，做好科学的乡村景观空间规划与交通线路规划，细化乡村景观节点的设计等，从宏观到微观，提高乡村景观的整体融合度。乡村景观设计并不是对各种景观元素的堆砌与简单组合，而是对乡村景观深度的有机融合，使得乡村景观的局部服务于乡村景观的整体。此外，遵循整体性原则进行乡村景观设计，不仅关乎乡村整体风貌的传承与提升，也关乎乡村居民生活品质的提升。

第四节　文化体验在景观设计中的表现手法

一、保护与完善村落原始风貌

文化体验视域下，进行乡村景观优化和提升时，先要整治乡村村落的整体风貌，对具有地域特色的景观进行维护和修缮，构建乡村整体景观环境，带给旅游者身临其境的文化体验。乡村景观整体风貌中的重要组成部分有乡村自然风貌、乡村村落风貌和乡村建筑风貌。

（一）保护与完善乡村自然风貌

乡村的自然环境是乡村旅游发展的基础性资源，正是广袤的原野、山林与河谷孕育了乡村的文明，也哺育着乡村的发展。乡村振兴背景下的乡村景观设计要积极保护乡村自然风貌，对被破坏的自然环境进行修复，同时要制定人与自然和谐相处的乡村旅游发展模式。乡村自然风貌与乡村人文风貌是相辅相成的，乡村景观设计中要善于利用自然风貌来提升人居环境的品质。

（二）保护与完善乡村村落风貌

乡村村落风貌反映了乡村的文化和思想观念，尤其是村落布局。乡村景观设计要厘清村落中各种功能空间的主次关系，要明确乡村传统村落布局理念与现代空间布局理念之间的差异。例如，乡村村落在宗祠方位、建筑尺寸、门窗位置、道路铺设等方面都有要求，现代乡村景观设计应当借鉴和延续，以保护乡村村落的原始风貌。

（三）保护与完善乡村建筑风貌

乡村景观设计中，针对保存状况欠佳的传统建筑要进行因地制宜地修缮；针对保存状况良好的建筑要合理修补。修缮和修补乡村建筑时，要尽量保持建筑的原有风貌，采用建筑最初修建时的传统材料和工艺，适当运用现代建筑工艺提高乡村建筑的强度。

二、活化村落地方特色文化

目前，我国很多乡村都基于本地传统村落开发旅游项目，而此类旅游项目的同质化现象严重，究其根本在于，乡村旅游地未能深入挖掘本地域的文化特色，未能找到地域文化的亮点。乡村景观设计要重视对乡村传统村落原真性风貌的保护与传承，要以本地域文化为核心，充分挖掘并利用本地域的独特文化，然后在保护村落原真性风貌的基础上，立足于地域文化进行景观设计与整合，打造乡村景观的独特性与品质。围绕特定文化主题而进行的景观设计，能够让旅游者感受到鲜明的文化特征，获得更好的文化体验。而主题特色鲜明的乡村旅游地也能从一众同质化的景区中脱颖而出。乡村特色文化是乡村景观设计的根本，而乡村景观开发中要对特色文化进行活化处理，运用各种艺术化、创意化的景观设计手法，让或抽象或具象、或有形或无形的乡村特色文化成为能够被旅游者感知到的鲜活形象。

三、挖掘与运用村落文化元素

我国拥有悠久的农耕文化传统，而乡村作为农耕文化的重要载体，其中的很多文化元素都是对农耕文化的体现。乡村景观设计应当深入挖掘并利用各种村落文化元素，让它们以旅游景观的形象呈现在旅游者面前，让乡村整体景观具有浓厚的乡土氛围。乡村村落文化元素大致可以分为物质性的和非物质性的两类，物质性的村落文化元素是容易被人们感知到的，它们的存在就是对乡村文化的无声展示；非物质性的村落文化元素是不容易被人们感知到的，因此需要通过特定的景观设计来展示和呈现。

文化体验视域下，乡村景观设计要深入挖掘乡村村落中存在的各种文化元素，找到乡村旅游开发的核心吸引物。在乡村景观开发中，应当基于核心文化主题，开发成系列的乡村文化主题。

村落文化元素的呈现方法决定着最终的呈现效果，因此，乡村景观设计中，应当灵活运用借代、场景再现、图案化等多种手法来对村落文化元素进行有效呈现。借代和场景再现手法多用于呈现村落中的物质性文化元素。借代指的是借助保存完好的传统街巷、院落、建筑等直观的形象来对传统村落的景观进行原景重现。场景再现是将带有文化特征的景观小品进行精心布置，重现传统村落的生产生活场景，使人们产生身临其境的体验感。图案化手法多用于呈现村落中的非物质性文化元素。非物质性的村落文化元素往往是抽象和无形的，无法直接展示给旅游者，因此可以提取其中一些特定的文化符号，然后用图案的形式呈现出来。代表乡村特定文化内涵的图案设计可以用于装饰乡村环境，让旅游者能够在景观细节中看到它们，感受到村落文化。

四、增强村落景观体验性

旅游者在乡村村落景观中获得的体验可以分为两类：一是静态文化体验，主要包括旅游者在乡村景区中的观光、游览、休闲活动；二是动态文化体验，主要包括旅游者在乡村景区中的互动、参与活动。旅游者在乡村景区中通过不同类型和层次的文化体验，领悟到乡村文化的内涵，获得身体与精神上的满足。文化体验视域下的乡村景观设计应当增强乡村村落景观的体验性，具体策略如下。

第一，乡村旅游地应当增加文化体验景观的类型。自然景观、村落选址、空间格局、传统街巷、传统院落和传统建筑等物质文化景观和历史人物、历史事件、宗教文化、宗族文化、曲艺文化、民间美术、民间文学和传统手工技艺等非物质文化遗产，以及民风民俗的展示场所等非物质文化景观都是体验性景观的范畴。乡村旅游地的体验型景观类型越丰富多元，旅游者就有更多的体验途径，获得的文化体验感受就越好。

第二，应当丰富文化体验类型。村落在进行景观设计时，应选择五感体验类型中的几类展开设计，能够抛去单一体验带给人的枯燥、乏味感，为人们进行文化体验增加更多的选择空间。

第五节　乡村景观改造设计实践调研分析

一、万源三官场村项目背景

随着中国经济的持续增长与快速发展，旅游业也乘着时代之东风走向繁荣，城市化快速扩张下的旅游行业中，传统村落深受人们喜爱。随着消费水平和文化水平的不断提高，人们不再满足于浅层面和物质层面的村落旅游，进而追求在传统村落旅游中获得深层次的精神体验，由此文化体验模式的村落旅游应运而生。

近年来，四川省坚持用新农村建设统领全省“三农”工作，以新村建设为载体，通过示范区建设，形成了多层面强力推进的格局，各地结合自身优势，创新探索出符合实际的新农村建设道路。在新农村建设的征程中，乡村旅游正势不可挡地迅速发展起来，四川省作为我国农家乐项目的发源地，创造了第一、第三产业互融互动的模式，受到国内广泛关注。万源市拥有极为丰富的自然资源，基于自然资源的旅游资源在周围旅游市场中具备一定的吸引力。现如今，万源市积极寻求将本地旅游资源市场化，让旅游业成为拉动地域经济增长的引擎。万源市政府高度重视旅游业的发展，尤其是重视本地乡村旅游的发展，致力于通过乡村旅游来振兴乡村经济，提高乡村居民收入，落实国家乡村脱贫攻坚的政策。

二、万源三官场村区位分析

三官场村隶属于四川省达州市万源市河口镇，位于万源市西南方，河口镇西北处，是河口镇最大的一个村落，西邻巴中市通江县。三官场村距万源市城区 90 多公里，乡道 166 穿境而过。同时，三官场村位于巴山旅游文化区域及荔枝古道旅游示范带。

（一）项目概况

三官场村位于四川省万源市河口镇，面积约 10 万平方公里，海拔较高，院落依山而建，环境宜人，是典型的依山就势型的传统村落。河口镇的两侧有着高耸的山峰，这种两边高中间低的地形被称作“V”字型地形。河口镇境内的最高海拔可以达到 1332 米，最高处为峰茅顶寨；境内的最低海拔为 335 米，最低处为澌滩河峡谷。因此三官场村海拔也较高，各院落群由较为崎岖的泥巴路所连通，交通较为不便。

三官场村的村民多是明代“湖广填四川”迁徙而来，王、朱、蒲三大姓在村里占了近八成。“一骑红尘妃子笑，无人知是荔枝来”，鼎鼎大名的荔枝古道在三官场村穿境而过，长 10 余公里。

2015 年，专家对万源市内的荔枝古道进行考察，明确道路沿线，找到唐代时期的遗迹。三官场村内古建筑众多，约占整个村的 80%。三处主要院落群位于荔枝古道核心区 5 平方公里以内，村内及其附近有众多文物遗址，距今已经有上百年的历史。2016 年，第四批中国传统村落名录将三官场村收录在内。作为中国第四批传统村落同时也是四川“最美古村落”之一，三官场村院落群保存了 40 余座四合院，其完整度在四川省乃至全国都很罕见，具有极高的经济价值和历史文化价值。通过实地考察，三官场村院落遗址以及文物都存在不同程度上的破坏，这引起人们对于村落保护的重视。

三官场村除了独有的历史古韵外，还发展了合适的农产业。2018 年，三官场村种植面积达 1200 余亩的花椒产业基地正式建成；2021 年，三官场村青花椒产业基地生产花椒达到了 2.4 万斤。三官场村附近的旅游资源也十分丰富，有万源红军公园、万源八台山风景名胜区、万源龙潭河风景区、万源茶盐古道、万源观音峡、紫芸坪植茗灵园记岩刻等旅游景点，有万源富硒茶、达州橄榄油、万源旧院黑鸡蛋、万源旧院黑鸡、蜂桶蜂蜜、达州脆李等乡村特产，有巴山石工号子、薅秧歌等民俗文化。2021 年，三官场村被四川省委农村工作领导小组办公室公布为“乡村振兴重点帮扶村”。

（二）气候概况

三官场村属亚热带季风气候，气候温和，雨量充沛，四季分明。三官场村年平均降水量 1194.6 毫米，年平均气温 14.7℃，极端最高气温 39.2℃，极端最低气温 -9.4℃；年平均雾日 12.6 日，年平均霜日 128.3 日。三官场村气候温凉、阴湿，回春迟，无酷暑，秋凉早，冬寒长；光照资源不足，寒冷期长，春寒和秋霜突出。年平均湿度 72%；年平均日照时数 1500 小时，日照百分比 33%；静风频率 53%，主导风向为西北风，平均风速 6.9 米 / 秒。

（三）自然资源概况

三官场村境内有望水河、五童河流经，水热条件好，生态环境多样，生物资源丰富。土地总面积为 7.4 平方公里，耕地 141 公顷。2005 年，全村森林面积 2052.82 千米，森林覆盖率为 50.5%。山脉从低到高，气候出现由亚热带到温带的变化，天然植被也呈现出相应的变化。海拔 700 米以下属北亚热带，地带性植被为常绿、落叶阔叶混交的森林类型；海拔 700 ～ 1400 米为暖温带，是常绿针叶林与落叶阔叶林带；海拔 1400 米以上为中温带，是针阔叶混交林带。三官场村主要农作物为猕猴桃、茶叶、花椒、鱼腥草、核桃、蘑菇等。三官场村境内动物资源极为丰富，兽类主要有猕猴、岩羊、灵猫等，鸟类有红腹鸡、白腹锦鸡、鹭科鸟类等；常见爬行类动物有龟、蛇、壁虎、蜥蜴等；两栖类有蟾蜍、青蛙等；境内冷水性鱼类丰富，有细鳞裂腹鱼、紫薄鳅、四川华吸鳅等。

（四）文化资源概况

村内古院落众多，80% 以上民居院落为古建筑，其中以三合院、四合院居多。“荔枝古道”穿村而过，蜿蜒约 7 公里，古道沿途民居、民俗保存完好，传承至今。在古道沿线核心区，保存较好的古院落就有 40 余座，大屋基、库楼湾、李家河这三处聚居院落是典型代表，是打造旅游、考古、探幽项目的好场所（图 5-1 和表 5-1）。

图 5-1　三官场村文化资源

表 5-1　三官场村文化资源统计表

序号	名称	地位	修建年代	类型
1	库楼湾	市重点文物保护单位	清代	四合院、三合院
2	李家大院	市重点文物保护单位	清代	四合院
3	向家院子	市重点文物保护单位	清代	三合院
4	大屋基	市重点文物保护单位	明代	三合院
5	五世同堂	市重点文物保护单位	清代	四合院
6	蒲家墓葬群	市重点文物保护单位	清代	石刻
7	荔枝古道	市重点文物保护单位	742 ～ 756	道路

1. 院落群概况

三官场内传统的古民居占到了八成左右，有多达 40 套保存较为完善的院落，多为三合院、四合院，这些院落中大屋基、库楼湾和李家河院落群的规模最大。

蒲家大屋基院落群作为明代的院落群，历史悠久。院落群内的民居以木质穿斗结构的老宅为主，还有十多间呈“一”字形的民居，沿着石板路往下，一个“品”字就由朝向门口及并列的两个四合院（三个“口”字）所组成，寓意一品当朝。后来院落群失火，经由族人重建形成了今天的格局。其中保存完整的蒲延芳宅（图 5-2）为穿斗式歇山顶木结构四合院，有 200 年左右历史，保存完好。院前六步排马梯，寓意生、老、病、死、苦、生，朝门口呈外八字形，“八”寓意发。门的正上方悬挂有一幅巨匾，匾的宽度达到了 3 米，高达到了 1 米，书写着“五世同堂”四个金粉大字。匾的中间印有一枚金印，刻“四川太平县儒学正堂官防记”，金印下方书小字。蒲家大屋基的所有者蒲延芳庆祝九十寿诞时，他家的五代人都居住在这里，人口数高达上百。蒲延芳族下当时担任太平县儒学教谕的赵昌熙送了他这块匾，字也是由赵昌熙所题。

走进蒲家大屋基时，旅游者的脚踩在印盒石上，顺着台阶慢慢登高，在堂屋的门楣上可以看到书写于清代光绪年间的“寿比南山”匾挂。窗花及柱头下的磉墩雕刻精致，生动形象。

图 5-2　蒲延芳宅

库楼湾建筑群由九个四合院组成，皆为清代建筑。院落群内居住的主要是朱氏族人，院落周围的字库塔以及牌匾彰显着朱氏追求科举功名的内涵。该院落群当中最具有代表性的便是“朱棱明府”，是州同朱棱明的府邸，距今已有 200 多年的历史。

李家河院落群由六个院子组成，最具有代表性的王化成老宅修建于民国初期，是典型的三合院。院内建筑十分大气，窗户皆为镂空，堂屋内设施齐全，横梁、八仙桌等全为精雕。

向家院子是典型的三合院，堂屋大门为三开六扇，四个窗花镂空，通风透气且美观大方；堂屋内置神龛，浮雕彩色猛兽，屋檐立柱均为木质，底座为石座，上雕刻精美石雕，屋顶五根横梁均施彩绘；洗脸架、八仙桌、床榻等全用精雕，经典至极。

三官场村现存的院落群遗址，整体上保存完好。但由于是木质结构，加之夏季多雨，导致原本脆弱易损的木质结构建筑不易保存。

三官场村地处偏僻，交通落后以及自然灾害等成为影响建筑群以及文物保护的主要障碍。院内居民主要是老人和小孩，形成了村落空心化的状况。这就导致对于院落群等古建筑的保护措施迟迟不能落实，许多镀金牌匾如“五世同堂”“寿比南山”没有受到合理保护，直接暴露在空气当中，出现了不同程度上的虫蛀和发霉的现象。四合院内的古建筑许多已经生霉，基本的保护措施就是用铁丝固定。同时由于现代文化的兴盛，村内的传统民俗特色也逐渐被冲淡，实地考察时，大屋基院落群内现代化的房子耸立在一片古建筑当中，不少民居上面还挂有电表，甚至部分古建筑上的土墙壁已经开始脱落。现代生活理念与传统生产生活方式发生碰撞，村内居民的现代化生活得不到满足，屋内设施十分简陋。许多四合院内还张贴着各种杂画，还有许多民居的门窗已经损坏，部分居民私自使用现代化的材料对房屋进行修缮，这就导致新材料掺杂在传统古建筑之中，对于传统建筑的后继修缮工作造成了严重的影响。

总之，整个院落群传统与现代随意杂揉，古村落特色正在被淡化。因此，对于河口镇三官场村院落群以及各种文物遗址的保护迫在眉睫。

2.“荔枝古道”遗址

“荔枝古道”经过三官场村，村内字库塔上的文字可以证明其遗存。河口镇境内长达 7 公里的荔枝古道旧道，保存得较为完整。因为三官场村地处位置偏僻，古道又掩映在杂草树木之中，除了往来的居民之外，少有人涉足，所受的破坏较小。但由于年代久远，部分古道的板路已经开裂，古道附近也是杂草丛生，布满青苔。

3.古墓遗址

村内还保存有古墓 10 余座（图 5-3），主要的有规模较大且风格华丽的“花山”蒲永芳墓，位于三官场村花山组，清朝光绪甲午年间建成。其他较为典型的古墓还包括蒲官芳、蒲武元父子墓（但石拱已经坍塌，只有残存的石柱尚能证明其规模的宏大）、朱棣明墓、蒲文元夫妇墓。蒲文元夫妇墓是一座合葬墓，冢前还建有石质仿木结构圆首碑楼，主题鲜明，栩栩如生。由于古墓在发掘之后会引起许多关注，因此更加容易遭受到自然和人为因素的破坏。

图 5-3　三官场村内古墓

4. 古牌匾群

牌匾群在三官场村内也保存得较好且数量众多，其中五块牌匾存于州同朱楱明的一个四合院内，称为“朱楱明府牌匾群”。此为竖匾，挂在库楼湾朱楱明府门口的正中央，但由于保护不当，上面的文字已经不甚清楚了。除了牌匾群以外，还存有许多零散的牌匾，其中“五世同堂”的牌匾最具代表性，宽 3 米，高 1 米，至今保存完好，具有较高的民俗文化价值。

5. 字库塔

文星字库塔，位于三官场村村南一公里，光绪三年（1877 年）修建，是典型的密檐攒尖式塔，塔顶还刻有“文星字库”四个字。这座四方座的字库塔是朱氏家族建造的，古人读书所用过的废纸不会随意丢弃，而是统一放到字库塔燃烧，使灰烬沉到塔底。考取功名若是成功，人们便会在自家门前或者是墓前立一根桅杆作为象征，以表示家族的荣耀。

（五）交通概况

三官场村交通不便，有一条乡道和一条村内道路。入村道路破烂，村内道路为水泥路，路况良好但道路狭窄。

（六）三官场村人员情况

三官场村为 10 个村民小组，561 户，常住人口 2563 人。经走访调查，由于城镇发展，村内发展滞后，就业机会少，没有收入来源，大量年轻人逃离村庄，村内多为留守老人和小孩（图 5-4）。由于居住于此的村民大都为老年人和儿童，因此留住村落文化，改善生活和居住环境，创造就业机会与邻里之间的交流场所，是村民们最关心的问题。

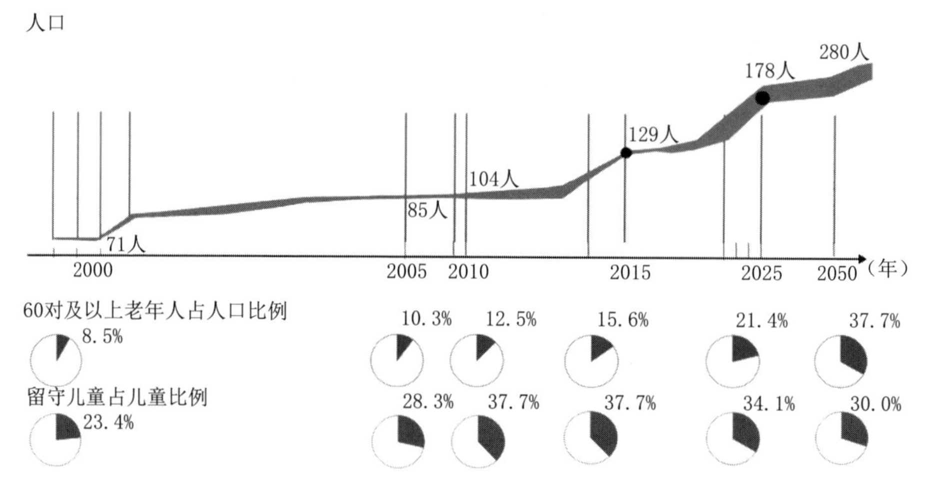

由于城市化的发展太快，导致大量年轻人外出打工。农村开始出现人口断层，大量的空巢老人，还有留守儿童的存在，仿佛是农村最后的希望，最后的灯火。

图 5-4　三官场村人员情况分析

三、三官场村项目景观现状

此处运用 ASEB 栅格分析法对三官场村活动（activity）、环境（setting）、体验（experience）、收益（benefit）四个方面进行全面分析，比较三官场村文化体验发展模式的优势（strengths）、劣势（weaknesses）、机遇

（opportunities）与威胁（threats），总结三官场村景观的现状与问题。

（一）三官场村的项目景观优势

三官场村的项目景观优势主要体现在以下四个方面。

第一，三官场村可参与的体验活动较多，村中拥有丰富的文化项目，如农耕文化、民俗文化、宗教文化、宗族文化等。

第二，三官场村可以整合周边旅游资源，形成聚集效应，如融合乡村广袤的田野和山林，让三官场村的人文景观与周边自然景观相辅相成。

第三，三官场村可以为旅游者提供多样化的文化体验，并且可以针对不同旅游群体的需求开发不同的主题体验功能区。

第四，旅游者在三官场村的游览中，不仅可以放松身心，缓解繁忙城市生活所带来的压力，还可以拓宽视野，收获一定的乡村知识。

（二）三官场村的项目景观劣势

三官场村的项目景观劣势主要体现在以下三个方面。

第一，三官场村的景观目前缺乏统一的规划，文化主题定位不明确，对村内的潜在文化资源挖掘得尚不充分，因此，三官场村的文化景观与周边旅游地相比并未形成优势，缺乏核心竞争力。

第二，三官场村为旅游者提供了较为丰富的参观体验活动，但是却未能有效地对体验活动的场地进行整体景观设计。旅游者大多在三官场村村民私营的农家休闲场所中获得乡村旅游体验，但是这些自发创办的农家休闲场所发展粗放，缺乏管理。

第三，三官场村为旅游者提供的旅游体验文化层次较低，尚停留在乡村景观游览、观光上。旅游者的到来可以为三官场村的发展提供经济效益，但是三官场村粗放式的旅游模式未能有效地将客流量转化为收益。

（三）三官场村项目景观开发机遇

现在，三官场村项目景观开发的机遇主要有以下三个。

第一，万源市开展全域旅游，立项“万源市荔枝古道巴蜀美丽乡村（荔枝古道）示范带”项目，吸引更多人加入体验三官场村景观的活动中来。

第二，随着传统村落旅游发展模式的转变与文化体验旅游的兴盛，现如今乡村旅游中，村落文化体验型旅游已经成为热门旅游项目。三官场村因为独特的地域文化特征被列入我国的传统村落名录，随着三官场村旅游的发展，当地的特色文化也逐渐被人们所熟知。

第三，随着旅游者文化水平的提高和需求的提升，旅游区需要为旅游者提供更好的文化体验旅游项目，而这也推动着村落旅游业的发展。

（四）三官场村项目景观开发面临的威胁

三官场村项目景观开发面临的威胁主要如下。

第一，三官场村的许多珍贵非物质文化遗产正在因传承人日渐稀缺而面临失传，而这会使得三官场村可为旅游者提供的文化体验项目越来越少。三官场村特色文化的削减会降低文化旅游项目的稀缺度，长此以往，乡村旅游的文化体验项目同质化现象将越来越严重。

第二，三官场村旅游开发中，吸引了大量的旅游者，而他们的涌入有时候会超过三官场村的承载力，因而会破坏当地生态。

第三，三官场村的文化体验项目尚停留在层次较低的文化认知体验维度，不能满足有更高文化体验需求的旅游者的要求。

第四，三官场村缺乏针对整个村落的景观规划，致使其旅游开发无法产生规模效益，村民的收益未能得到显著提高，影响了他们参与旅游项目的积极性。

四、三官场村景观设计改造可行性分析

通过对三官场村进行实地调查，走访该地主要人群（其中包括村民、旅游者、当地村委相关领导）可知，大家对三官场村古村落的保护和景观设计改造意愿强烈，而且普遍赞同对于把当地传统物质文化与非物质文化同当代设计结合的创意。有使用人群改造意愿基础，且结合当地实情，在政府政策的导向以及整个区域乡村振兴大环境背景下，三官场村古村落的保护与文化体验式景观设计有很高的可行性。

（一）三官场村景观设计目标

本设计以对三官场村乡村发展现状及现存问题的分析和探索为切入点，以景观的文化体验性发展为宗旨，以动线优化、建筑保护与开发、村落景观空间布局优化、文化互动体验式景观为主要设计目标，是基于传统古村落景观改造设计的实践应用。重点是对现有的三官场村古村落景观环境进行再规划设计，通过分析国内外相关案例、分析文化体验式景观设计理念及形式特征，得出适合三官场村传统古村落的景观规划改造设计方案。

因此三官场村景观设计的目标如下：第一，通过对其景观改造设计进行研究，用文化体验视角与乡村振兴战略结合的方法进行探索、提炼、总结，通过进一步的概念化，将现有文化遗存归纳成系统性的设计元素，再将这些元素体现到具体的景观规划改造设计当中。第二，通过对现有公共区域进行功能补充与改造，对公共景观空间与环境进行更加合理的完善。第三，通过将三官场村景观的设计形态研究和历史时代特点相结合，在对三官场村古村落景观进行规划改造的前提下突出新时期特有的历史、人文经济属性，使旅游者有更好的环境空间体验、文化场景体验。第四，力争在和当地乡村经济发展规划相融合的前提下，使旅游者更深刻地感受到三官场村古村落的艺术魅力，探索出一种既能延续和传承地域传统文脉，又能有效推动地方经济增长的道路，促进村落实现人与环境、传统与现代、生态保护与经济发展的三重和谐。

（二）三官场村景观设计理念

三官场村的自然资源丰富，人文历史久远，民俗文化多样。但随着时代的发展与旅游者需求的变化，三官场村现有的景观发展模式如若不与时俱进，就面临被市场淘汰的风险。基于此，三官场村要深入分析地域文化资源，并基于特色文化资源兴建能够反映三官场村特色的文化体验景观。在三官场村的景观设计中要始终将旅游者的需求作为出发点和落脚点，从宏观视角、中观视角、微观视角等多重视角重整景观规划逻辑，从文化体验的创新视角对三官场村进行传统古村落文化与现代景观设计，进行以人为主体的互动性体验探究。首先需要明确的是三官场村的文化主题和文化体验类型，其次据此构建文化体验功能空间，并对不同的文化体验项目进行功能分区，为旅游者制定合理的文化体验流程线，最后对三官场村进行具体的景观节点设计。在设计过程中要充分利用周边环境与地形优势进行设计改造，尽可能地不影响当地自然形态与生态环境。在古建筑外立面及交通流线改造设计中力争保持其建筑的原有风貌，并带入代表三官场村的元素，凸显村落属性，强化体验者内心感受。利用新的技术手段，创新文化体验景观项目，营造具有三官场村传统古村落特色的文化景观，改善三官场村乡村居民的生活环境，在提高三官场村居民生活水平的同时，提高他们对乡土文化的认知，激发他们保护乡土文化的意愿。在各个方面的改造设计中力求能达到各设计元素的统一与和谐，使其突出但不突兀、修旧但不守旧，实现居民的长期发展与自然的长期发展和谐统一，以乡村旅游景观的文化体验研究来带动乡村经济的发展，为乡村留住“乡愁”，活化传统古村落。

（三）三官场村乡村景观改造设计面临的问题

经过考察与设计分析，发现在本次设计当中也存在以下三点问题。

第一，生态空间承载力有限，未来旅游者规模如果增加，考虑如何减少对生态环境的影响。

第二，非物质文化遗产无人继承，应考虑如何合理开发当地民俗非遗文化，利用新的技术手段，创新文化体验景观项目，提高旅游市场的竞争力。

第三，生产结构单一，考虑如何以乡村旅游景观的文化体验研究来带动乡村经济的发展，为乡村留住“乡愁”，活化传统古村落。

（四）三官场村古村落景观改造设计对策

对于以上问题，拟定了以下三条解决策略。

第一，关注生态格局：划定垂直格局，生态敏感区域可适当进行保护；划定水平格局，保留异质性斑块。

第二，结合特定客源的需求，因地制宜发展景观资源。

第三，加强旅游者在乡村中的情景交流，为旅游者构建乡村文化体验环境。

（五）三官场村古村落总体设计定位

针对以上分析，对本次设计有以下定位：三官场村的传统文化精神在于提倡教育文化、宗族文化、农耕文化、饮食文化、民俗文化等，以西南地区人群为主要服务对象，结合旅游者及当地村民的需求，以村落内的人文和自然景观资源，打造以教育文化和农耕文化为主，具有乡村文化气息的互动型特色古村落景观，因此针对不同景观节点共设计六个主题区。

1.旅游者接待区

旅游者接待区以现存街区和村委为场地，修整街道外立面景观，打造统一的主题风格，对街区功能进行整体规划，满足旅游者的接待需求及商业化需求。

2.农耕文化体验区

农耕文化体验区以李家河院落为依托，在保护修缮古建筑的前提下，提取建筑元素，结合三官场村独特农耕文化，建立农耕文化体验广场，开发相关景观项目，打造文化体验中原真的三官场村传统生活方式。

3.石刻体验区

石刻体验区以库楼湾古建群落为基地，并依托其精美的墓葬群石刻元素，挖掘其传统技艺方法，设置石刻体验馆和展览研学区域，为三官场村非物质文化的传承和发展提供场所。

4.荔枝古道教育研学区

荔枝古道文化广场定位于蒲延芳宅的五世同堂景点，以传承古道文化，探索古诗词、书法教育等主题体验区，寓教于乐，不断合理开发旅游景观展示途径，运用现代科技手段再现历史文化场景，营造特色民俗文化氛围，提升旅游者体验感。

5.生态种植体验区

结合三官场村自然资源，利用山地资源，发挥当地茶叶种植、花椒种植业优势，打造采茶、制茶的互动体验项目；利用坡地地形，开发种植景观，如稻田景观，增加旅游者的参与感和体验感，丰富体验景观内容，带动农业产业发展。

6.康养区

将杉木湾居民区打造为康养区，利用杉木湾的有利地形和资源，改造原有居民点的建筑，打造生态、健康、休闲的康养文化，为旅游者提供长期体验服务，促进当地居民增收。

第六节　万源三官场村景观改造设计方案

一、万源三官场村景观改造设计方案分析

（一）景观改造总体布局结构的生成

三官场村在总体保留场地特性，利用基地原有素材的基础上，以“一带”“六点”为中心，对应不同的文化体验主题，将村落景观分为六个主要景观节点：旅游者接待区、荔枝古道文化体验区、李家河农耕文化体验区、库楼湾石刻文化体验区、康养区、生态研学体验区。次要景观节点：村民活动中心、骑行绿道、山地观景台。改造后的基地涵盖“古建保护体验、商业、住宿、康养、生态研学”等功能，各区域的分布井然有序，并且互相串联。与三官场村的原有场地相比，这样的空间划分更加科学、合理，空间关系更为明确，空间之间的串联更为流畅，空间的类型也更多样。

（二）主要景观带优化设计

主要景观带由二级道路、旅游景观步道和骑行道路等共同组成，三官场村应优化现有的交通布局，规划更多更宽敞的交通线路。将整个游览景区串联起来不仅能做到各个景观节点的资源共享，也可以优化目前的交通布局，提高交通流畅程度，缓解客流压力，丰富旅游者游览线路，延长旅游者游览

时间。

（三）主要景观节点优化设计

整个景区以六个主要景观节点为主要构成部分。

1. 旅游者接待区

旅游者接待区由入口广场、儿童游乐区、旅游者中心、商业街、生态停车场组成，该节点旨在宣传村落文化，是旅游集散、村民活动交流的场所。整个区域由不同文化元素进行景观设计与元素运用，给旅游者以村落整体印象，并设置生态停车场，方便保护村内生态环境。

2. 荔枝文化广场

荔枝文化广场以蒲家大院为呈现场所，对现存的传统古建筑进行保护利用，由古建游览、国学体验研学、荔枝古道重游体验等部分组成。

3. 李家河农耕广场

李家河农耕广场以李家河大院为呈现场所，对现有古建筑进行保护，由古建游览、农耕展览、农耕活动体验等部分组成。

4. 库楼湾石刻广场

库楼湾石刻广场以库楼湾建筑群和古墓群落为呈现场所，对现存的传统古建筑进行保护利用，提取古墓石雕元素进行主题景观打造，由古建游览、石刻工艺体验等部分组成。

5. 康养区

康养区对现存空置民房及空地进行改造，利用丰富的自然资源，为旅游者提供长居或短居的乡村生活休闲体验场所。

6. 生态体验区

生态体验区对村内耕地进行规划，利用丰富的自然资源，打造茶叶种植、花椒种植、稻田种植等自然景观及研学体验场所。

六个节点由荔枝古道景观带串起，有各自不同的使用功能，而每个部分之间又彼此存在紧密的关联。以此来丰富旅游者的观光体验，既能增加旅游者的参与感，也能延长旅游者的观光时间，从而提高旅游经济收益。

（四）交通流线布局分析

三官场村要在保留原有乡村道路原始风貌和空间尺度特征的基础上，深入改造现有的道路景观结构，解决现有道路空间单一乏味、道路硬化率低、道路铺装设计单调等问题。优化三官场村的道路设计可以给旅游者带来更丰富的游览体验。优化三官场村道路空间要依循道路的等级，对不同的道路空间做细化处理。三官场村的内部道路可以分为三个级别，即对外交通乡道 Y103、村庄内部道路和步行道路（图 5-5）。其中，对外交通乡道 Y103 宽度为 3 ～ 6 米，村庄内部道路宽度为 2 ～ 5 米，步行道路宽度为 1.5 ～ 3 米。

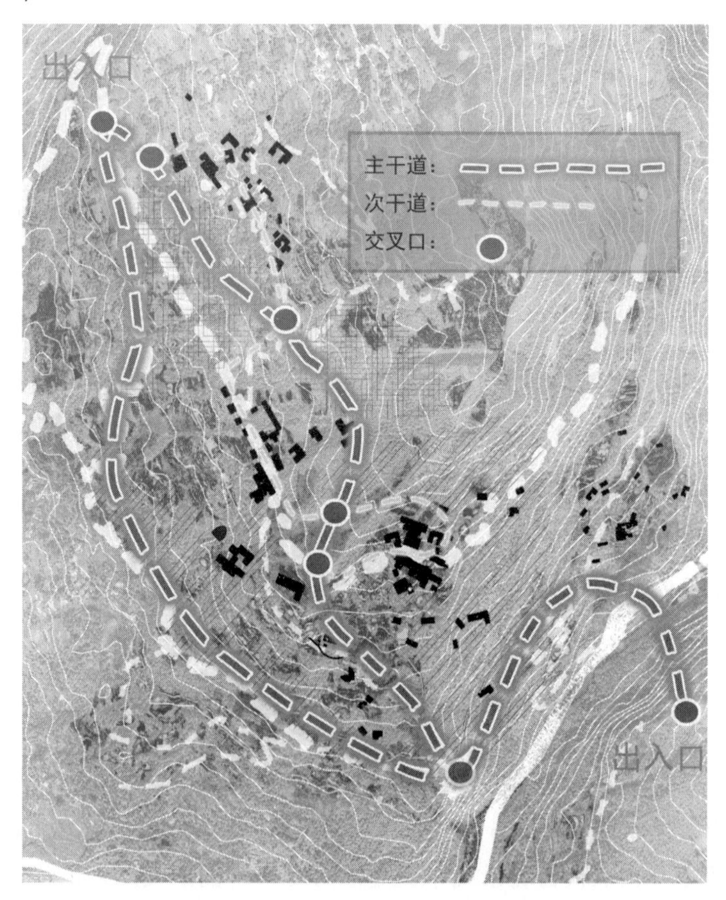

图 5-5　三官场村景观交通流线分析

二、文化体验视域下的万源三官场村景观提升设计

（一）三官场村景观提升总体规划设计

对三官村的景观进行总体的优化升级，需要绘制村落平面规划图，如图5-6所示。

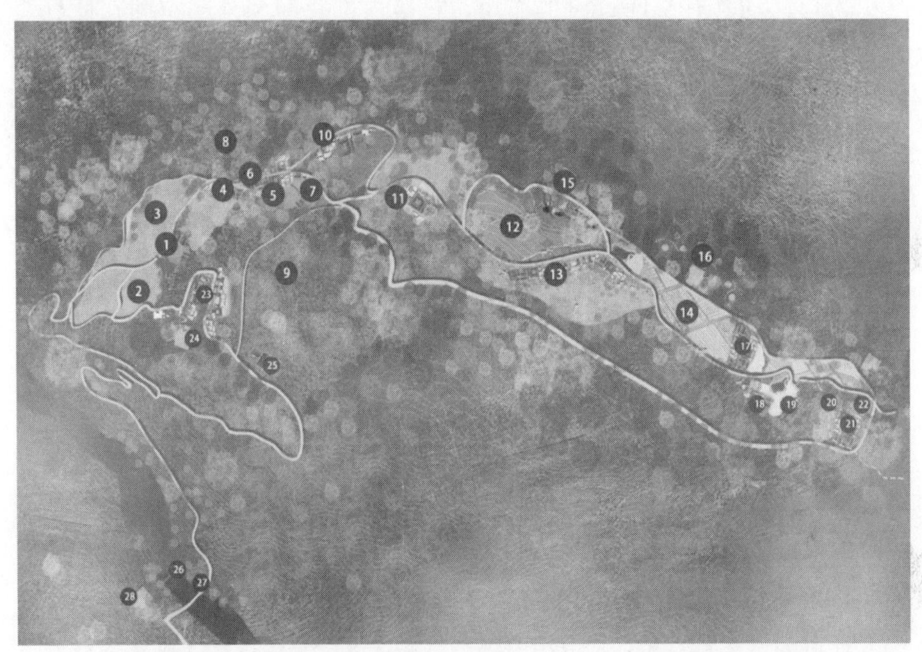

①入口广场　②儿童农场　③采摘园　④美食广场　⑤游客中心　⑥商业街　⑦村民活动广场　⑧花椒种植区　⑨茶园　⑩李家河农耕展览中心　⑪向家大院村民活动中心　⑫种植观景体验区　⑬民宿区　⑭稻田景观区　⑮观景台　⑯蓬宿区　⑰老屋里古建群　⑱五世同堂展览中心　⑲荔枝古道文化广场　⑳荔枝古道　㉑杉木湾康养区　㉒竹林小憩　㉓库楼湾古建群　㉔库楼湾石刻展览体验中心　㉕茶文化体验中心　㉖吊桥　㉗亲水区　㉘观景台

图5-6　三官场村村落平面规划图

（二）三官场村景观重点区域改造设计

1.旅游者接待区改造

旅游者接待区由入口广场、旅游者中心、商业街、生态停车场组成，该节点旨在进行村落文化宣传，也是旅游集散、村民活动交流的场所，运用

村内各区域不同文化元素进行景观设计，给旅游者以整体印象，并设置生态停车场，方便保护村内生态环境。

（1）入口广场

三官场村现入口陈旧，村口牌坊也是传统水泥和沙制作而成，村口道路泥泞，无任何规划、设计痕迹，广场两侧植物茂盛但杂乱，给旅游者感官印象较差。

入口广场具有空间过渡的作用，村落内部空间和外部空间在此处交融，由外向内过渡。作为村落的门面，入口广场既要具备一般广场的集散、休闲、游览的功能，还需要有展示村落文化主题的作用，更要通过其景观表现向人们科普村落中蕴藏的文化内涵，让人们更了解村落。因此，入口广场在整体风貌和景观上要与村落原有风貌保持一致。

设计村落入口广场景观时，先要深入挖掘、细致调研村落中的各种文化元素，然后对文化元素进行归纳、总结，提取出能够展现村落文化特征的文化元素，然后运用景观设计的手法，将特色文化元素变成具体可感知的景观，在入口广场处呈现给人们。入口广场的景观设计不仅需要突出标志性景观，还需要与其他景观区保持协调。

三官场村的文化体验主题为教育文化和农耕文化，因此，在设计三官场村的入口广场时，需要体现这两类文化，必要时可以在入口广场处兴建特色文化景观和文化建筑物。在材质选择上，入村道路铺装为沥青道路，两旁人行道为透水青石板，牌坊（图 5-7、图 5-8）结合三官场村精美石刻工艺，上方雕刻装饰纹路，尽显三官场村特色。

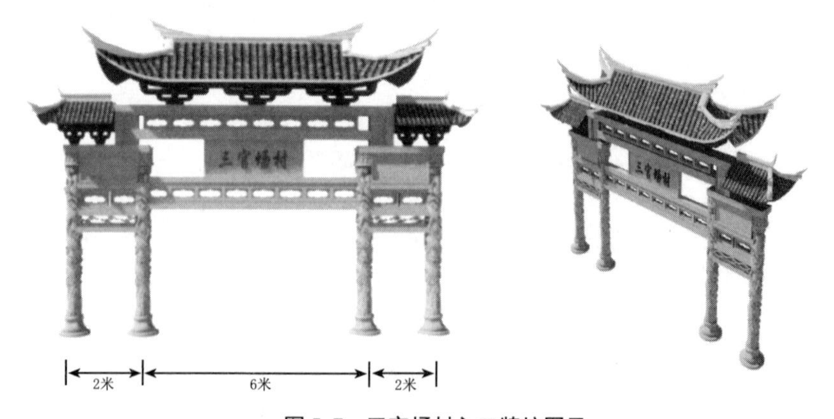

图 5-7　三官场村入口牌坊图示

图 5-8　三官场村入口牌坊效果图

（2）儿童游乐区

儿童游乐区对于村内留守儿童而言，既是游玩的区域，也是小伙伴间交流沟通的场所，在旅游者等待时也能为其提供服务。儿童游乐区以原生态材料为主要材料，如枯树桩、沙石、泥土等为主要材料，创造视野开阔的空间，少硬化，重趣味性，选取常用的野菊、杜鹃、牵牛花作为景观植物，给儿童原生态的游乐体验。

（3）生态停车场

生态停车场指的是运用透气透水材料做铺装，在室外自然环境中建设的停车场，生态停车场的建设理念是促进人造建筑与自然环境的融合，减少现代交通对自然环境的破坏，让旅游者下车即融入当地景观环境。生态停车场为旅游者提供临时性停车服务，而此处的设计对旅游者的旅游体验有着一定的影响，若设计不足将给旅游者带来不良感受。三官场村的生态停车场采用了嵌草铺装，它具有高透水性，既有助于保持当地生态，又不容易积水妨碍旅游者活动。三官场村生态停车场的四周种植了茂密的防护绿带和高大的乔木，防护绿带可以降低停车场活动对其他区域的污染和影响，高大乔木可以为旅游者提供阴凉（图 5-9）。

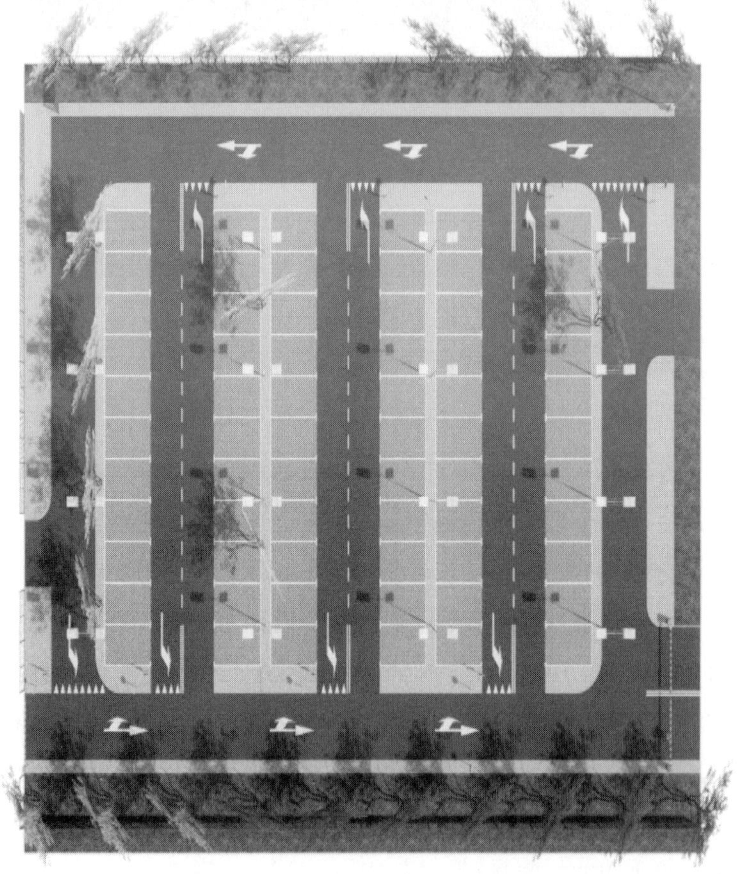

图 5-9　三官场村生态停车场效果图

（4）邻里广场

目前村内缺乏可供村民聚会、健身、休憩的公共场所，人们茶余饭后的活动仅限于在马路上散步、在院内聊天。因此，修建邻里广场（图5-10）为村民提供交流、健身的公共场所十分必要。邻里广场的设计具有生态、美观和教育等功能。

广场标识是用三官场村当地不规则的毛石堆砌成精美矮墙，极具乡土气息。富有趣味性的石磨盘装饰和凳子，既突出了村落的农耕主题，又兼具实用功能。地面用刻有书法作品的石片做装饰，尽显文化气息。广场右侧为连廊，可供下雨天使用。植物设计注重乔木、灌木、花草的层次搭配，选用彩色叶植物营造色彩丰富的自然景观，富有意境。

图5-10　三官场村邻里广场效果图

（5）旅游者中心

旅游者中心（图5-11）是旅游者从村外进入三官场村的“门面”场所，也是为旅游者提供服务的始发站，更是村史文化的展示与宣传场所，因此，设计良好的旅游者中心有助于提升旅游者对三官场村的满意度。大量的旅游者在进入三官场村后将在旅游者中心聚集，因此，设计时需要分析旅游者的类型（图5-12），考虑旅游者在旅游者中心的流动性，根据客流量设计旅游者中心的容纳度。总之，旅游者中心要为旅游者提供一个开阔、舒适的景观空间，让旅游者可以在这里集散、休闲。

场地分析：

流线分析　　功能区分析　　节点分析

图 5-11　三官场村旅游者中心设计图

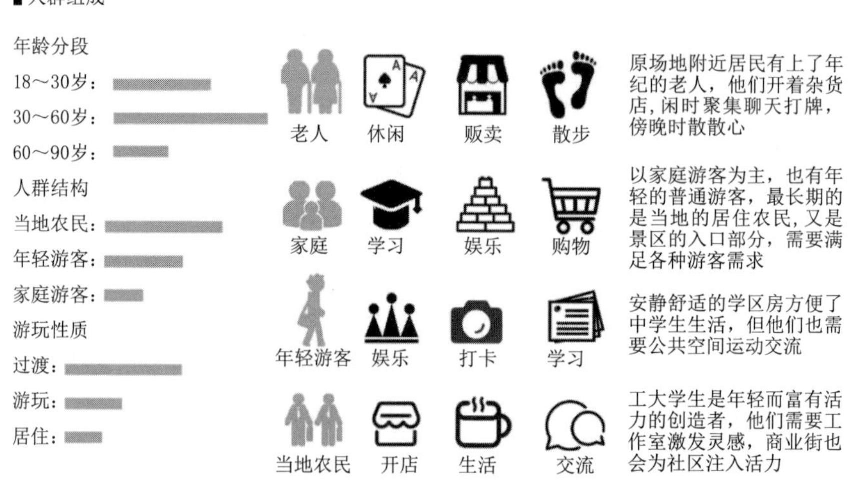

图 5-12　三官场村旅游者中心人群分析图

（6）商业街

商业街是为旅游者与当地居民提供餐饮、住宿、购物活动的场所，自前三官场村街道杂乱，建筑外立面不统一且缺乏特色和规划，影响村落形象和旅游者的体验感，因此，应对商业街进行重新规划和改造，以特色餐饮、娱乐、手工产品销售为主要场所，结合三官场村建筑特点和景观，对其外立面进行改造，使其与村落整体和谐统一。

2. 荔枝文化广场改造

荔枝文化广场（图 5-13）是以文化教育为主题，以荔枝古道文化为基地，着重开发与古诗词、书法相关的传统文化体验及娱乐项目的区域。广场位于荔枝古道景点与蒲延芳宅之间，运用了中式园林特点，依托自然水池打造特色水景，让景观空间更具趣味性。

广场中心建筑为文化展览体验馆，通过影视历史回顾、话剧演出、实物展示等内容，为旅游者提供具体感官体验，增加景点体验互动性。广场四周以书法、诗词相关的石刻作为文化景观墙，广场中间放置了具有三官场村特色的精美石刻拴马柱作为广场中心景观，也能增加旅游者的文化体验，彰显村落的文化韵味。为满足人们的需求，提升广场的实用性，在广场上增设砖砌座凳，供旅游者休息，水景上方增设观景亭，在空间上丰富广场层次。

图 5-13　荔枝文化广场内部图

3.李家河农耕文化广场

李家河农耕文化广场的李家河院落群由六个院子组成，最具有代表性的王化成老宅修建于民国初期，是典型的三合院。这一区域的景观设计主要包括古建院落景观和农耕文化广场景观设计两部分。李家河古民居群落是三官场村的特色所在，也是该区域文化教育功能的物化呈现，教育文化体验是一种相对静态的体验，体验形式以观光、游览、学习为主。民居之间空地形成的广场可作为人们休闲之余体验三官场村教育文化的空间，同时能清晰地为参观者展示三官场村建筑结构和雕刻技艺。

李家河三合院的基本格局为一户一院，是由正房、两侧厢房三面组成，剩下一侧没有房屋，只有外墙，通常在墙的中间建造街门，街门以随墙式小门为主，院子只有一进，结构简单，有时作为复合型四合院的附属建筑存在。

李家河农耕文化广场是以展示和体验农耕文化为主题的广场，主要展示农耕文化小品，体验乡村生产活动的旅游者不仅可以了解到农耕历史，也能亲身体验劳作的乐趣。

广场标识（图 5-14）以本地竹子作为主体框架，中间嵌入石牌，石牌石刻介绍景观功能，整个标识牌融合了三官场村的文化、自然元素，富有本土文化气息。

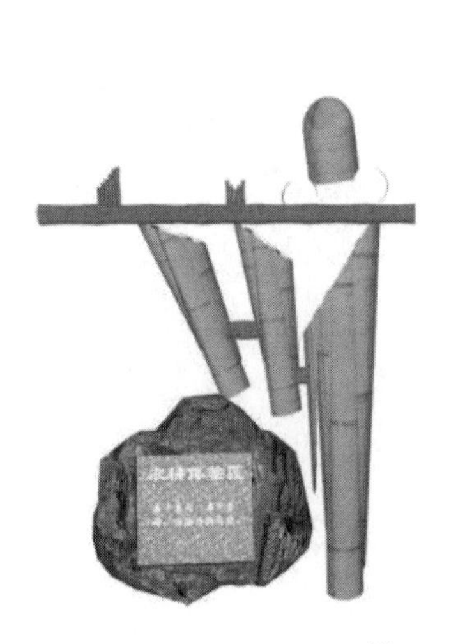
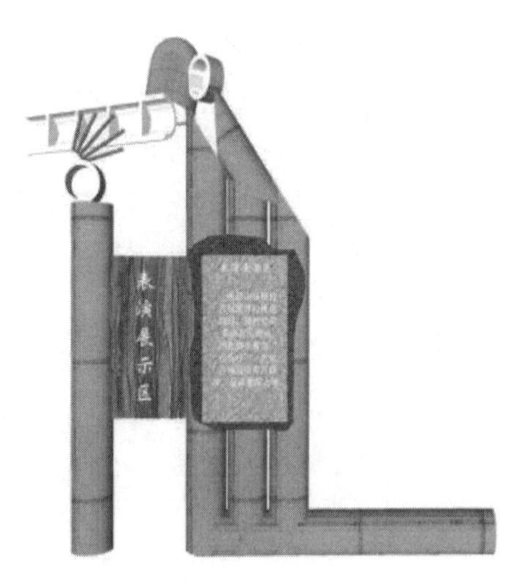

图 5-14　李家河农耕文化广场标识牌

4. 库楼湾石刻广场

库楼湾建筑群（图 5-15）由九个四合院建造而成，皆为清代建筑。院落群内居住的主要是朱氏族人，院落周围的字库塔以及牌匾彰显着朱氏追求科举功名的内涵。该院落群当中最具有代表性的便是“朱椟明府”，是州同朱椟明的府邸，距今已有 200 多年的历史。

图 5-15　库楼湾实景

库楼湾建筑群目前保存完整，可对建筑景观进行适当修复，并在建筑群外围建设一个文化广场和观景台，布置以石刻为主的景观主题小品。墙地面应以传统石刻为装饰纹样，不仅展现三官场村精湛的石刻文化，而且能为旅游者打造一个休闲及观赏山林自然景观场所。还应对现存设施进行完善，如科技防火、现代化功能植入。在建筑群落中可改造一处石刻展览及旅游者体验互动馆，丰富游览空间，为旅游者提供更加直观的文化体验，传承三官场村石刻非遗文化。

库楼湾古建群和墓葬群落被村道一分为二，该区主要向体验者展示清代遗留下来的物质文化遗产，通过游览、学习、互动等多种方式让旅游者感受到三官场村人们改造环境、美化环境的智慧。而旅游者在深入的文化体验中，慢慢由现代走向明清，体验当时的村落面貌。针对库楼湾的石刻文化和古建文化，当地计划在库楼湾古建区域设计景观广场（图 5-16）及石刻文化展厅，以保护原址农业景观为基础，以石刻文化为主题元素，打造一个适合当地环境且具有独特石刻文化的广场，既为旅游者提供独特的文化体验，又能为当地村民提供舒适的公共休息空间。

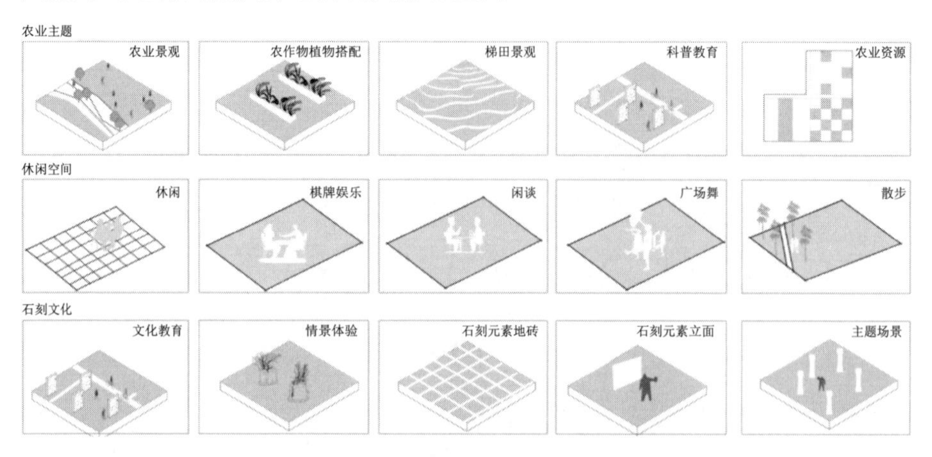

图 5-16　库楼湾石刻广场设计分析

石刻展厅（图 5-17）是展示石刻文化和体验石刻制作过程的空间，整体以石刻元素为景观装饰主题，内部分为三个展厅，以文字介绍、实物展示为主要内容。

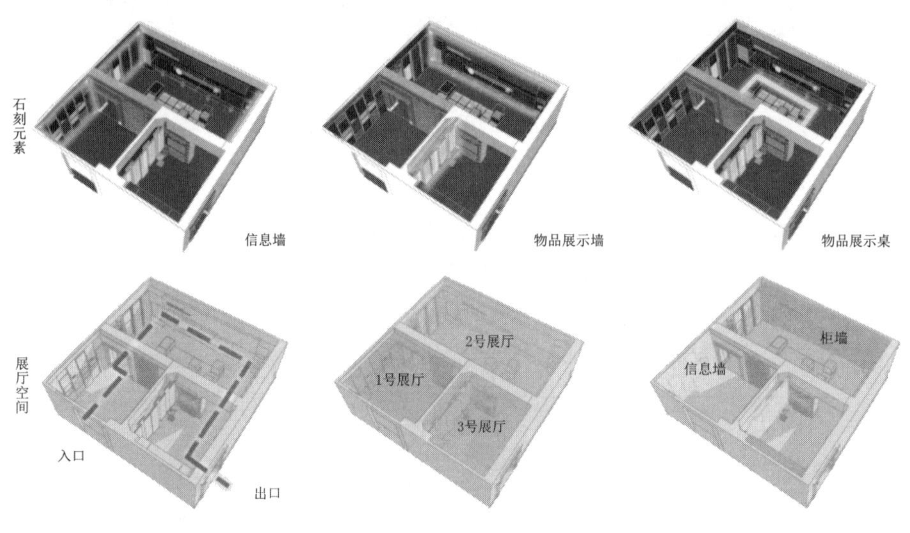

图 5-17　库楼湾石刻展厅分析

5. 康养区

与三官场村一河之隔的是巴中市镇龙山国家森林公园，植被茂盛，空气清新，优质的生态环境为村落提供了天然的休养场地。康养区设置在村落最北部的杉木湾，目前为村民居住区，但闲置率高，因此可对其进行改造。在建筑外立面进行统一规划设计，以当地特有石块装饰外立面，突出当地建筑特色；院外种植樱花，丰富景观场景色彩，屋外田地规划为种植菜地，可供居住者种植作物，体验田园生活。

三官场村康养区人群定位为外来老人、工作人员、患病人群，通过为其提供休闲的农村隐居生活，借助大自然的疗养，达到恢复身心健康的目的。

针对康养区人群和需求，可对区域进行空间规划设计，如休闲空间、森林氧吧、现代化的疗养体验空间以及自然科普教育空间（图 5-18）。

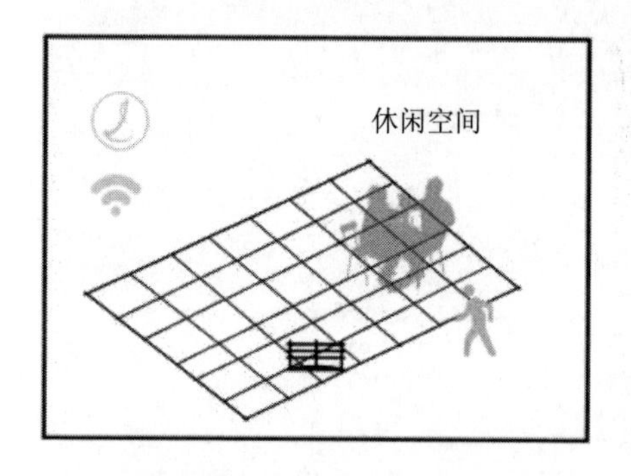

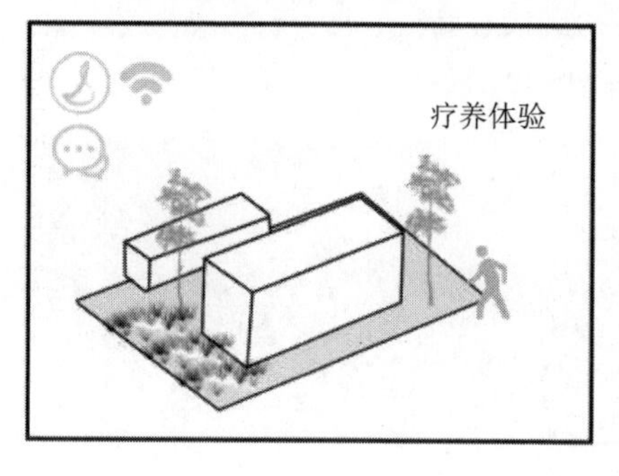

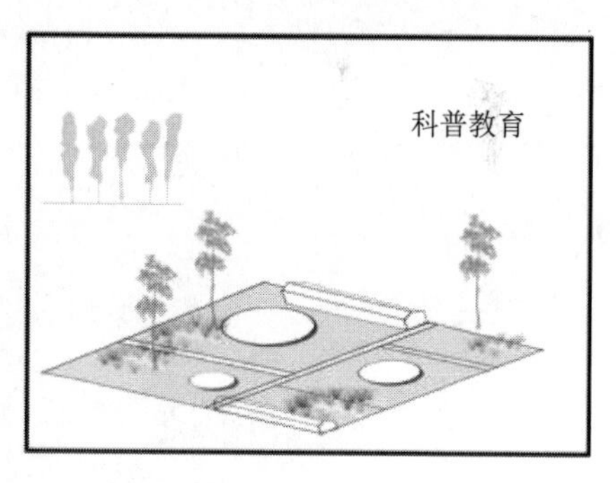

图 5-18　三官场村康养区空间规划设计

6. 民宿区

民宿区是旅游者深入体验乡村生活的场所，三官场村要科学改建现有民居屋舍，为旅游者提供良好的乡村住宿体验居所。民宿项目开发时，三官场村可以选择具有典型当地住宅特征的民居进行改建，修整院落，在外部改建中突出乡土元素，并尽量做到风格统一。在内部的装饰设计中，优化功能，保持特有的功能空间，如当地地灶。民宿区用于接待旅游者，供其体验当地传统生活方式，进行乡村体验观光等，为旅游者创造极具乡村气息的度假休闲场所（图 5-19、图 5-20）。

图 5-19　三官场村民居现状

图 5-20　三官场村民宿区效果图

民宿区是对原有的民居进行规划和改造，对原有的建筑进行外立面的改造和修复。当地政府应结合村落的文化元素进行主题设计，保护传统建筑景观，合理开发改造，打造可持续发展的本土产业，打造功能齐全、体验感超前的景观规划设计（图 5-21）。

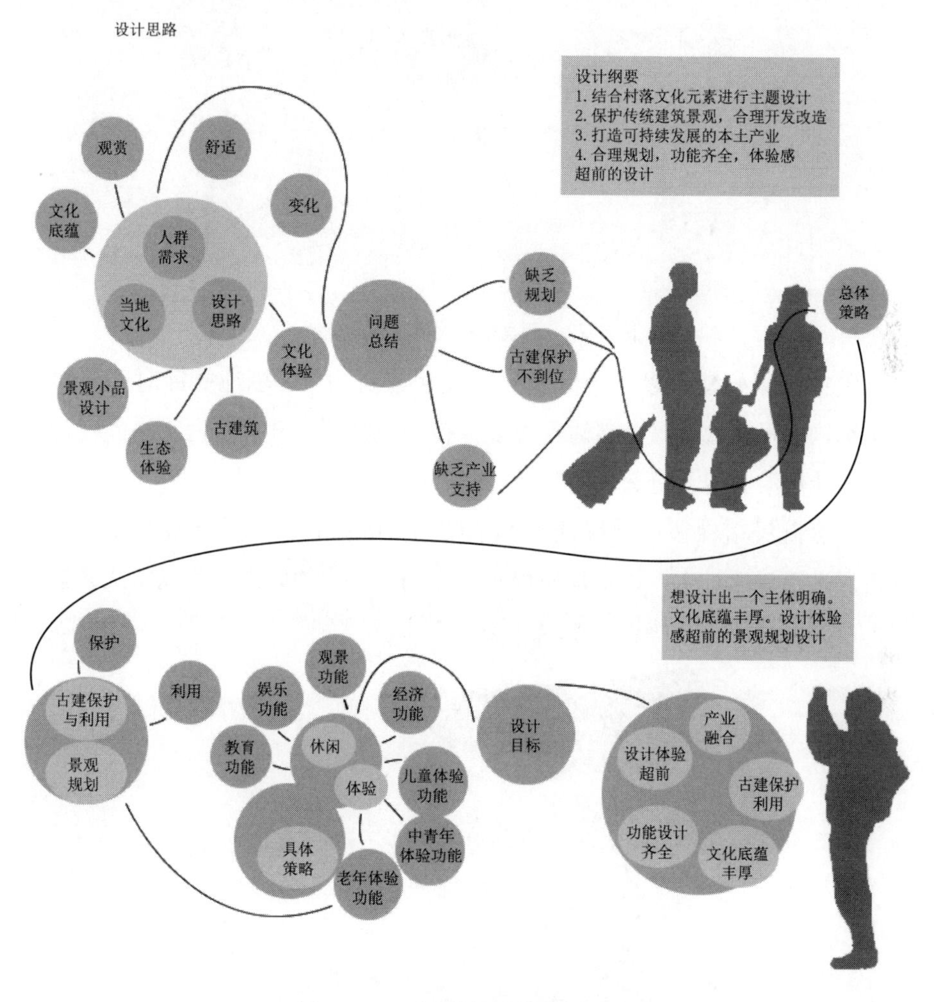

图 5-21　三官场村民宿区设计思路

民宿区既是外来旅游者住宿体验的场所，也是当地居民生产生活的场所，改造时应对现存民房进行保留和改造，对区域进行整体规划和整改（图 5-22），设置公共服务活动空间。此外要结合自然景观、生态、文化，满足家庭副业生产经营。

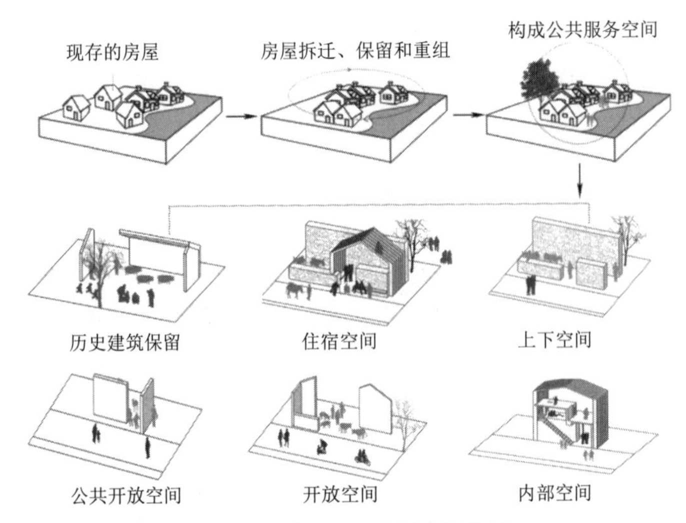

图 5-22　三官场村民宿区空间分析

民宿区原始建筑以三合院和独体民居建筑为主，当地要针对两个典型民居结构做民宿改造，改造时尽可能保持当地特色，并做到内部空间设计现代化，让旅游者有更舒适的游玩体验。

三合院民宿保留原始屋顶和木架结构，因原有窗户采光较弱，故对原有窗户进行改造扩大，以增加室内采光空间；窗户的装饰元素以中式元素为主，对原有墙体进行修护和改建（图 5-23）。

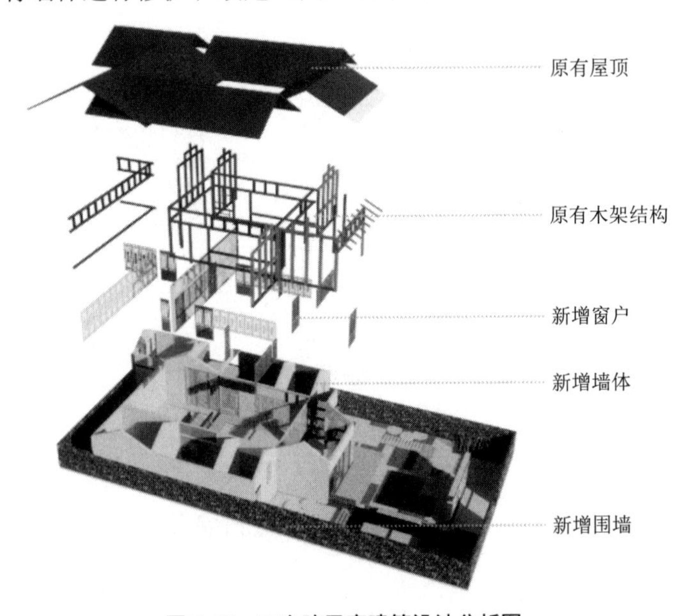

图 5-23　三合院民宿建筑设计分析图

院落以现代手法分割，以中式元素做景观小品，增加院落景观的趣味性。空间分四个卧室、会客厅、厨房、休闲室和建筑围合天井，并以景观树为主要绿植景观（图 5-24、图 5-25）。

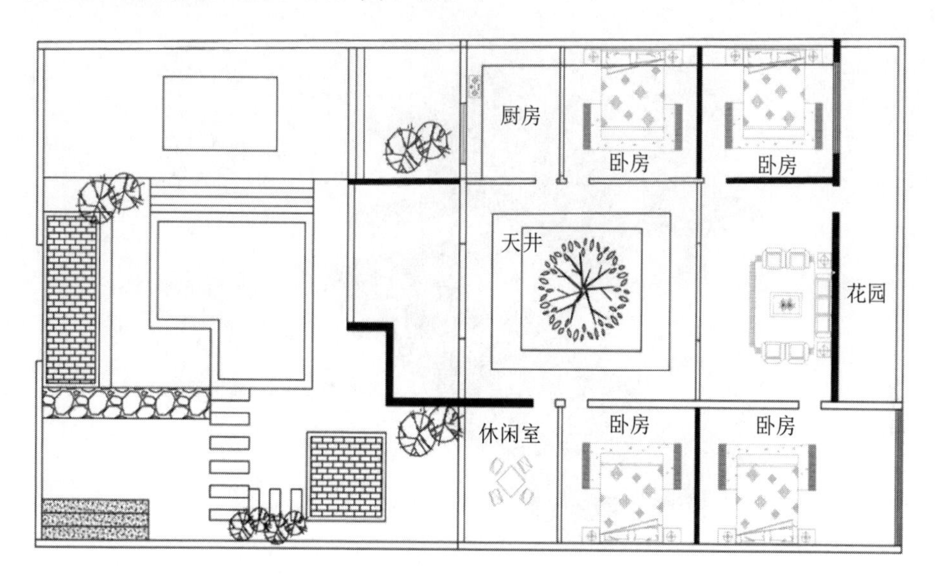

图 5-24　院落平面图

图 5-25　民宿整体效果图

单体二层民居改造（图 5-26）以开放式院落为主，没有围合的院落，以亲近自然的设计为主，增加旅游者对乡村景观的体验感。

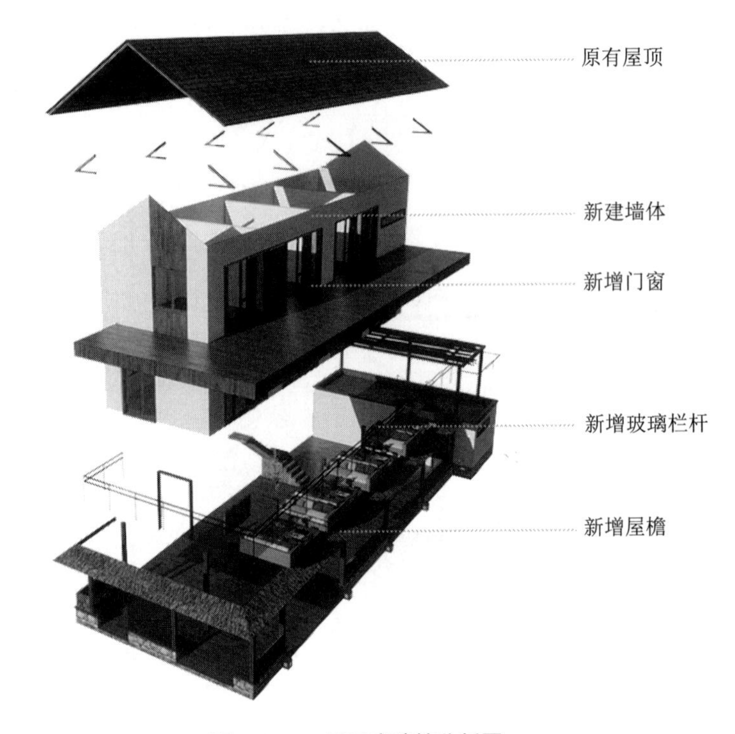

图 5-26　二层民宿建筑分析图

7. 生态种植区

三官场村为山地地形，村内农地多为坡地梯田，其主要种植作物为水稻、玉米、土豆、花椒、茶叶。为规划村落整体景观和产业，根据村内现有土地，将其分为茶叶景观产业区、花椒种植产业区、农业采摘园、稻田景观。

（1）茶叶景观产业区

万源市有着悠久的产茶历史（图 5-27），它地处四川省的最东边，是秦巴山区的核心。此处自然环境优越，被誉为我国三大富硒地之一，有着广袤的国家级自然保护区，嘉陵江和汉江从此处流过，为这里的茶叶种植构建了生态屏障。基于万源市的产茶历史和自然资源，万源富硒茶品牌“巴山雀舌”享誉全国。作为茶叶的高产区，三官场村积极发展茶叶产业，推动村内经济发展，带动旅游业，增加就业，提高村民收入，促进人口回流，从而解决村落空心化、村落文化没落的问题。

图 5-27　三官场村茶叶种植区现场

茶叶种植区域为村内海拔 800 ～ 1200 米的区域，当地设计了一个茶叶体验馆（图 5-28），可为旅游者提供采茶、制茶、品茶、购茶的一站式体验活动，既科普茶叶种植文化，也为旅游者带来五感体验。

图 5-28　三官场村茶体验馆效果图

茶叶产品要实现产业化，须对茶产品进行产品包装（图 5-29）以及线上线下的渠道拓展。三官场村有丰富的历史人文素材，有荔枝古道的典故，站在古道上可以想象曾经的驿站人流不息。此外三官场村名人轶事较多，村落还有古墓、字库塔、桅杆等建筑，或诉说故事道理，或彰显名望，或追逐功名，或配以书法文字，彰显本地文化。产品包装应以突出文化特色为主线设计。

图 5-29

图 5-29　茶叶产品包装设计

（2）稻田景观区

稻田作为农耕文化的载体，既是村民的生活必需品，也是生态景观的一部分，其景观主要在村落地势平缓的梯田一带，每到秋季，一片片金黄的稻田，给旅游者带来视觉上的冲击感。旅游者不仅可以观赏稻田美景，也可以夜宿稻田边，聆听蝉鸣蛙叫，与家人朋友感受夏日的宁静。

三、乡村景观设计项目实践总结

设计实践从文化体验视角出发，通过对万源市三官场村乡村景观的调查研究，对当地的地域文化面貌进行了深入的分析。基于此，提出了针对三官场村的景观优化策略。三官场村的景观优化可以从宏观的村落空间布局、公共空间规划，到微观的建筑修复、小品打造等方面进行，以全面提升旅游者在此地的文化体验。研究表明，三官场村自然资源丰富，景观类型多样，历史文化积淀厚重但保存效果不好，地域文化多元却未能有效地体现在当地的景观中，村落布局失序，产业发展落后，致使人口流失严重。

通过相关理论分析，立足村落实情，对三官场村的文化元素进行提取，规划出六个不同文化体验的景观节点，制定出一条以中心干道为主要景观带的条带状规划布局，带动六个区域景观联动，使体验者全面深入地感受三官场村的文化底蕴，带动经济增长，增加就业，从而促进人口回流，重振村落活力，并带动古村落的文化传承。

乡村村落是农耕文明的重要载体，留存着城市化发展下难得的民族乡村记忆。现如今在城市化急剧扩张的时代背景下，乡村村落旅游日益受到旅游群体的重视，日趋成为热门旅游项目。城市的旅游者们来乡村村落旅游，既能够领略久违的田园风光，获得精神和身体上的放松，还能在乡村村落中感受古老的人文文化，体验乡村文化的魅力。但原生的乡村村落无法承载较大的客流量，因此乡村村落旅游产生了很多问题，需要通过科学的整体景观规划来解决。

本研究基于文化体验理论，探究了三官场村乡村文化与乡村景观的关系，并寻求优化提升三官场村乡村景观的方法。总的来说，三官场村在乡村村落旅游发展中亟需转变传统的发展模式，积极找出村落景观中存在的问题。三官场村现存的乡村景观中传统风貌保存的欠佳，景观中的乡土性特征不足，景观构建中对本地乡土文化的挖掘不足，商业化发展对三官场村村落景观的侵蚀和破坏严重。基于此，三官场村要转变以游览型、度假型为主的浅层次的乡村村落旅游发展模式，在深挖本地文化资源的基础上，发展文化体验型旅游模式，从根本上化地域文化资源为旅游资源，在发展乡村村落旅游的同时，促进地域文化传承。

三官场村的景观设计需要明确以文化为核心、以旅游者为本这两大原则。乡村旅游对旅游者的核心吸引力在于乡村特色文化，因此，三官场村要对本地具有价值的物质与非物质文化进行记录，形成档案，在旅游开发中要尽量保持地域文化的原真性，在旅游景观的建设中要充分展现地域文化的魅力。以人为本是现代旅游发展的核心原则，而三官场村也应在景观改造设计中充分满足旅游者群体的需求。旅游者乡村旅游的需求是多样的，三官场村要从物质需求和精神需求两方面入手，尽量为旅游者提供丰富的旅游项目。此外，对三官场村景观进行优化时要注意功能分区，将“动”区与“静”区进行隔离，以免互相干扰，给旅游者带来不好的体验感受。三官场村景观优化的思路要符合逻辑，如从宏观到中观再到微观，层次递进。宏观的优化主要是根据地域文化选定景点主题，中观的优化主要表现在对村落空间布局、交通线路的优化上，微观的优化则具体到各个景观节点、景观小品。三官场村要将地域文化特色层层渗透到景区内的各个地方。

（一）增强旅游景观的场所精神及景观的可识别性

乡村旅游的发展要以地域特色文化为根，依托地域文化基因打造特色景观，使得旅游景观的可识别度更高，更具备吸引力。本课题整合了万源三官场村墓葬、传统三合院、四合院的建筑特点，以及荔枝古道文化、当地典故传说等文化，将乡村古村落的文化内涵与文化旅游体验的景观设计相结合，解决传统村落旅游景观中文化体验感弱的问题，景观营造手法新颖。本课题打造了具有文化基因的乡村旅游景观风貌，以期为乡村旅游可持续发展规划出一套具体可行的景观设计方案，让乡村旅游发展更加满足时代与地方经济需求。

（二）加快乡村文化与体验形式的结合，实现感知转变

本课题从体验式的创新视角，结合三官场村独特的传统文化，探讨万源市三官场村景观建设的策略与设计方法，扩展了体验式景观的研究范围，完善了体验式景观设计理论。根据乡村文化因子的不同类型，将其融入具体可感的体验形式之中，是对乡村文化的活化，有助于乡土文化的传承和发展。

（三）促进乡土文化与现代技术、艺术的融合

三官场村乡村旅游景观设计要立足于自身的乡土文化，在继承和发展的同时，适当地引入现代技术、现代艺术等设计元素，不断发展和更新旅游体验模式，为乡村旅游发展带来鲜活的生命力。本课题利用新型技术手段，如灯光再现、舞台剧、场景剧，活化传统文化村落，解决了乡村村落的保护与现代旅游景观建设的矛盾，以三官场村的特色文化景观为例，为其他古村落创新文化体验旅游景观营造手法提供借鉴。

第六章

乡村振兴背景下乡村景观设计存在的问题与应对策略

乡村景观设计是建设美丽乡村的必由之路。经过近些年的治理和规划，我国有很多乡村实现了跨跃性的发展，农村居民生活环境显著提升，且还在不断优化中。我国乡村景观设计探索还处在初期阶段，目前仍然存在许多问题，而且在新的时期人们又对乡村景观设计提出了更高的要求，因此，相关研究者必须不断探索新的设计思路，分析现存问题，并努力寻找应对当前问题的可行策略，推动乡村景观设计朝着更好的方向发展。本章将对乡村振兴背景下乡村景观设计存在的主要问题进行分析，并根据问题总结一些优化策略。

第一节　乡村景观设计中存在的主要问题

随着乡村景观设计研究与实践的不断深入，实践过程中存在的问题也逐渐暴露了出来，要想实现乡村景观设计的进一步发展，就必须明确现存问题，采取有力措施解决问题。同时，社会经济高速发展，人民生活日新月异，对景观设计也不断提出了新的要求，这促使乡村景观设计必须不断满足新时代要求，不断分析问题、解决问题。从当前的实践经验来看，我国乡村景观设计中存在的问题主要有以下八点。

一、乡村景观设计研究不足

乡村景观设计涉及多方面专业知识，与其他设计领域一样，也要求具有个性和创新性，需要不断进行新的研究。与国外的乡村景观研究相比，国内乡村景观的研究起步较晚，随着研究的不断深入，已经发展为一门独立的学科。我国对乡村景观的研究主要是从传统的乡村地理学、土地利用规划、景观生态学、乡村文化景观等方面进行，研究的主要内容包括农业景观、乡村生态、城乡交错景象、乡村文化景观等方面。同时，我国对乡村景观的研究主要集中于农田景象格局与变化、土地资源利用、乡村聚落、景观资源评价与模型、农村城镇化等方面，其中聚落景观和乡村景观评价研究是我国乡村景观研究的两个主要内容。就目前我国与乡村景观设计的相关研究数据来看，专业研究的数量还比较少，内容质量也还不够高，存在许多不足。

二、景观设计同质化

从现存的乡村景观设计情况来看，对景观设计同质化的理解可以涉及以下三个方面。

第一，是城市与乡村景观设计的同质化，即乡村景观设计对城市景观设计的盲目借鉴。景观设计的探索实际上并不算一个新的话题，在城市建设中，景观设计本就是一个十分常见的话题。乡村景观设计可以从城市景观设计中去汲取一些经验，但不能完全照搬。近些年的乡村景观设计中，因为经验的不足，就难免出现了一些照搬城市景观设计的情况，没有充分考虑农村区域的特殊性，仅仅是在做“形象工程”，形成了同质化的景观设计。例如，将曲折的道路变成直线，将果树换成绿化树，在乡村广泛种植城市绿化常用的树种，将道路硬化成水泥路或柏油马路，将自然湖泊修理成人工湖，将绿地空间建设成水泥路面等。事实上，景观设计与该地区的发展愿景、发展条件，以及居民生产生活的需要是密切相关的。城市和乡村存在巨大的差异，景观设计自然也是不同的，这种与城市相同的乡村景观设计模式，正悄然改变着乡村原本古朴、自然、个性、典雅的面貌，破坏了乡村的“生态平衡”，显然是不合适的。[1]

第二，是不同乡村区域景观设计的同质化，即当前的乡村景观设计盲目模仿其他先行的乡村景观设计。我国地域辽阔，各地区有着不同的特色，蕴含着不同的文化内涵。特别是农村各区域，因交通不便等原因，在历史发展中长期处于比较封闭的状态，受现代文化影响较小，保留了各式各样的传统文化，其中优秀的传统文化是我国建设文化强国需要重点传承的内容。景观设计是反映区域文化的一种重要方式，是体现乡村特色、展现乡村文化价值的重要路径，在设计中必须统筹当地景观资源、文化资源共同参与设计。

---

[1] 张智勇：《乡村振兴战略下乡村景观设计探索》，《智慧农业导刊》2023 年第 5 期。

但现存的一些乡村景观设计，并没有将当地文化与设计充分地结合起来，而是直接拿来其他乡村的优秀设计成果。要知道，每一个乡村都是不一样的，景观设计自然也不应该是一样的，在一个乡村很完美的设计到了另一个乡村就不一定适合了。这种盲目的模仿不仅不利于乡村景观设计的多样性发展，还会影响乡村特色文化的传承。

第三，是对乡村特色展示方式的同质化，即虽然展示了各自特有的文化，但是展示的方式仍然是简单的、单一的、毫无特色的。在乡村振兴的进程中，乡村经济不断发展，道路建设和网络建设使得乡村的交通和交流变得十分便捷，促进乡村发展的同时也不可避免地导致乡村文化遭受城市文化和现代文明的冲击，为传统文化的传承带来了挑战，人们正积极探索从乡村景观设计角度宣传乡村文化的有效路径。现有的乡村景观设计中常用文字景观墙的方式来展示当地的文化内容，这种设计简单、直观，但过多的乡村景观设计使用了这一方式，久而久之就会让人感到空洞乏味，难以给人留下深刻的印象，文化宣传的效果同样无法达成。

三、景观格局破碎化

乡村振兴是需要多方群体协力完成的一项事业，政府在其中起到领导、规划的作用，但乡村建设并不完全是由政府主导的，也有一些受利益驱使自发的建设行为，而自发行为往往容易忽略整体性，是无序的、自成一体的。因此，自发性的乡村景观设计就容易形成破碎化的景观格局。

从现存情况来看，乡村景观设计破碎化主要体现在以下四个方面。第一，乡村地区有着许多自然景观，且大多都有着复杂的地形条件，自然景观有其特有的脉络格局。在景观设计中，如果不从整体的角度去将这些影响因素协调好，只是盲目地效仿城市或其他地形较为简单地区的景观设计模式，改变区域地形，随意更改植被，加入大量的人工景观，不仅会毁坏当地的山体和生态环境，还会改变该地区特有的景观风貌，使景观设计无法融入乡村的整个环境中。第二，在现代文化的冲击下，许多乡村居民盲目追求城市文化，在村内兴建满是具有现代特征、城市特征的房屋。这些房屋或许单看并没有什么问题，但放在整体环境中，就会显得格格不入，难以与村中古朴、自然的风貌相协调，破坏乡村的整体格局。第三，乡村发展的过程中，各种各样的生活垃圾也成为破坏乡村整体景观的重要因素。因乡村居民已经习惯于比较传统的生活方式，很多村民还没有维护乡村景观的意识，直接将垃圾扔在地上、将污水排入溪流中，对环境造成了污染。第四，随着城市化进程的不断加快，城市区域不断向四周扩张，一些乡村区域也逐渐演变成了城市，建起各种现代工厂，景观设计也遵循城市景观设计的原则进行了改造，造成了景观格局的混乱和不稳定。

破碎化的景观设计缺乏整体的美感，即不能提升村民生活品质，也不能推动乡村综合素质提升和经济发展，还会破坏乡村的环境，显然违背了建设美丽乡村的初衷，是亟须解决的问题。有些效仿于城市的景观设计，看似可以让乡村自然环境、道路、建筑焕然一新，使当地村民的生产生活方式发生改变，但与本土的文化是割裂的，与村民的真实生活是存在隔阂的。乡村原始的、有特色的景观还有可能被这些人造景观遮挡，乡村原有的风采很可能因此丧失，地域的生态性、传统性和乡土性都会遭到破坏。

四、景观空间异域化

随着全球化的发展，中外文化逐渐交融，在中国许多现代景观设计中可以看到外国的文化元素，富有异域风情。但对外国文化元素的使用必须要有一定的规范，需要有专业人员的引导和管理，不能随意、盲目地照抄使用。乡村景观设计所形成的异域化主要来源于两个方面：一方面是对国内其他地区文化元素的借鉴使用，另一方面是对外国文化元素的借鉴使用。

在外来文化的冲击下，因经济发展、教育情况的差异，我国一些农村居民无法深入思考乡村景观与文化之间的关系，下意识觉得本土的事物是落后的，而城市的、外国的东西则是先进的，因而会去模仿城市的景观设计模式和外国的景观设计模式，摒弃本土的特色文化元素。这种思维造成了由村民主导的乡村景观设计与乡村空间错位，呈现出异域化的特征。在现存的乡村景观中，欧式风格的建筑元素并不少见。

五、区域发展不平衡

区域发展不平衡是乡村振兴进程中普遍存在的一个问题。我国各区域经济发展是相互联系又相互区分的关系，经济发展的差异带来了统筹规划上的差异，也对不同区域的乡村景观设计发展程度带来了影响。有些乡村地区有着得天独厚的发展条件，有着全国闻名的风景胜地，文化内涵突出，乡村景观设计所具有的资源更加丰富、鲜明，且经济基础好，能够投入更大的成本建设乡村景观，从而吸引众多旅游者来访，景观设计效益明显，因而发展也更为完善。而有的乡村地区条件相对较差，在以往的发展中自然景观就已经遭受了一定的破坏，规划、改造的难度会比较大，同时受经济基础薄弱、缺乏劳动力等因素的影响，能够投入的资金和人才较少，景观设计的发展自然也会较为迟缓，出现各种各样的问题。

乡村振兴不只是部分乡村的振兴，国家正着力推动全体人民生活水平的提升，促进各种偏远山区经济、文化、生态、政治、社会建设的发展。因此区域发展不平衡的情况目前虽然不可避免，但在后续的发展中必须着力缩短这种差距，实现相对的平衡。

六、观念意识还较为落后

当前，伴随着城市生活方式的影响，我国许多乡村地区村民开始对城市生活进行模仿，乡村建设城市化的倾向日益严重。乡村景观、乡土文化风貌受到前所未有的冲击，一味求新求洋，到处是大马路、欧式建筑，乡村的地方特色逐渐丧失。部分乡村将城市建设标准看成文明的唯一标准，忽略了传统的价值，造成自身乡土文化的逐渐消失。这是一个不良发展倾向，已经开始引起专家和学者的重视。

乡村景观作为一种源于环境、文化，自发形成的文化载体，在历史、社会和美学上的价值都是无法被取代的。目前乡村景观建设需要把握好时代特征，结合乡村传统文化和人文风尚，依托产业的发展，走出一条具有地域特色的创新之路。要落实这一目标，必须先理清目前出现的问题，发现问题并找到解决方案。

（一）乡村风貌被破坏

由于早期环境保护意识淡薄，我国乡村发展经历过一段推山、削坡、填塘等野蛮破坏乡村风貌和自然生态的过程。而现在乡村景观的破坏往往是由于好大喜功，盲目追求宏观、气派，盲目学习城市的建设行为造成的。例如，用封闭的石栏杆将水塘围得严严实实，用大理石铺成乡村广场、公园，对有历史的福堂、古庙使用水泥简单抹面、贴上瓷砖，新建筑在尺度和布局上都和传统的乡村聚落环境不相匹配。在自然景观被破坏的同时，也逐渐破坏了乡村的文化景观，人与人之间的交流减少了，曾经热闹的节日景象也慢慢冷淡下来。破坏乡村风貌和自然生态的行为已经脱离了建设美丽乡村的初衷。

（二）行政意识主导设计

乡村振兴，规划先行。但在一些乡村，目前仍存在规划缺失缺位、规划随意变更、规划与实际需求不匹配等乱象。缺乏科学有效的乡村规划，正在一些地方阻碍了乡村振兴。具体表现在以下两个方面。

一方面，缺乏合理规划的乡村景观设计脱离了乡村实际。部分地区破坏乡村风貌的现象，归根结底还是由地方行政思想主导着，生搬硬套城市的设计方式，脱离乡村实际，机械地将城市的广场、铺装、绿化种植用于乡村景观设计之中。大公园、大广场、大亭子、喷泉成了当地政府的形象工程，而建成后往往无人使用。另外，一些地区的设计师为迎合检查，在不尊重地域差异的情况下，野蛮设计与建设，不深入调研、刚愎自用的情况屡屡发生。例如在一些乡村，草坪、灌木等城市绿化品种不加考虑地大量使用，结果带来了高昂的维护成本，往往建成之后就无人打理维护，最后杂草丛生。某地乡村水泥硬化过度，透水不足，导致地下水位下降等。国家投入大量资金来改善乡村的生活环境，起到了一定的正面作用，但如果不切合当地实际，没有科学理性的指导，将会给乡村带来二次伤害，乡村的文化景观会被再一次破坏。

另一方面，缺乏合理规划的“风貌改造”化妆运动使乡村景观显得不伦不类。“风貌改造”指对建筑物外墙、屋顶进行改造，通过统一色调、图案、装饰构件来表现一定的地方特色和建筑传统。“风貌改造”化妆运动在一定时期取得了很大的成绩，使居住条件得到了极大的改善，消除了一些安全上的隐患，在一定程度上改善了乡村的视觉环境。但“穿衣戴帽”仅仅只是化妆式的运动，一些景观设施、外墙装饰件增加了墙体的载荷，会给建筑带来新的隐患。另外，一些具有地方特色的旧建筑被抹上水泥、刷上涂料、贴上瓷砖，被不加区别地化妆成不伦不类的造型。一些亲身经历的村民对“风貌改造”感到困惑和不理解。政府主导的乡村环境建设应该以提高乡村的生活质量、延续文脉为目标，减少大拆大建，节约资源，将建设主体逐渐转为村民自发的社区团体，将统一的改造模式变成更为精细的专项设计，在综合节能、给排水改造、空调室外机规范设置等方面给予技术支持，并研究相关的建设资金如何分担等问题。同时，加强对乡村居民进行正确的景观观念和审美宣传教育，激发村民建设的主动性。

七、发展方向不科学，生态破坏严重

进入 21 世纪，我国的城市化进程不断加快，对我国乡村景观和农业发展产生了非常重要的影响。当前，我国多数地区的乡村处于从传统农业到现代农业的转型之中，我国乡村景观中部分地区自然生态被人类活动破坏的程度不断加剧，这对我国乡村景观的发展产生了不利的影响。许多人已经认识到合理开发乡村景观的重要性。现存的乡村景观设计成果中，还存在很多设计方向不科学的情况，这些不科学设计所导致的生态破坏也是当前新的乡村景观设计需要避免和解决的问题。

乡村生态环境被破坏的一个主要表现是工业污染正由城市向农村转移。在有的地方政府主导者的观念里，一切发展都要为经济让路。在快速扩张过程中，很多改造往往不经过整体有效的规划、论证和设计，一些农田被无序化占用、水资源被污染、生物生存环境被打乱，于是一些乡村的生态环境遭到了严重的破坏。传统乡村由于生产力低下，生活节奏缓慢，经济自给自足，人们对于自然始终存有敬畏之心，对环境的破坏程度很小。随着工业技术的发展，部分地区自然环境受到了巨大的破坏，而且这种破坏在继续。

在大发展的环境下，乡村的耕作方式也发生了变化，基本实现了机械作业，大大提高了生产效率，但同时广泛使用杀虫剂、除草剂、膨化剂、催熟剂等化肥农药，带来的是对生态环境的破坏，一些乡村污水横流、垃圾遍地、土壤裸露、水土流失严重。若不加以控制将会不可逆转，使得生态系统无法自我修复。同时，一些乡村正遭受垃圾问题的困扰，令人触目惊心的“白色污染”成为乡村的噩梦，乡村垃圾治理已经到了刻不容缓的地步。

导致乡村景观生态破坏严重的主要原因有三点。一是因为保护资金投入不足。我国的垃圾清运处理作为公益事业由政府统筹安排，垃圾处理建设资金由财政资金补贴，设施运营经费由当地自行解决。现阶段出现的情况是部分地方投入的垃圾处理设施运营经费严重不足，尤其是在一些经济欠发达地区，正常的运行都难以维持，这影响了农村垃圾处理的水平和效率。二是因为许多农村采用的是粗放式的垃圾管理模式。部分地区村民没有真正落实垃圾分类，一些村民直接把垃圾丢弃，有价值的垃圾并没有得到有效利用。四处乱扔的垃圾带来的是垃圾收集运输工作量大、技术缺乏、政府资金投入难以承受等问题。不断扩容和新建的垃圾填埋场也难以承载如此巨大的处理工作，对环境也造成了很大的负面影响。三是因为村民的环境保护意识淡薄、卫生意识较为落后。部分村民有不讲环境卫生的不良习惯，缺乏基本的公德意识，只顾个人方便，乱倒、乱丢垃圾。有的村民认为，农村就是想怎样丢就怎样丢，哪里方便丢哪里。

八、乡村传统文化景观解体

民间风俗是一个地区世代传承的、连续稳定的行为和观念，它影响着现代人的生活。地方民俗世代相传，强化了地区文化的亲和性和凝聚力，它是地区文化中最具特色的部分。梁漱溟曾经说：“中国文化的根在乡村。”乡村文化构成了中华文化鲜活和真实的生活方式。随着城镇化的急速发展，部分地区日常的生产生活方式被彻底改变。在市场经济下，一些村民认为传统的耕作方式已经不适合现代生活习惯，思想也日趋功利化。部分地区在重城市、轻乡村的情况下，强势将乡村传统风俗文化不加筛选地抛弃。当传统的乡村生活方式被城市文明影响、改变时，人们又在重新审视自己的文化价值，反思和怀念曾经质朴的乡村景观。

目前，部分年轻人在城市置业后不愿回到故乡，以宗族姓氏为主体的乡村文化结构逐渐解体。互联网的发展使得交流便捷，同时也让村民远离乡村成了常态。年轻人逢年过节回家看望亲人，偶尔到农村看看风景，品尝一下美食。新的乡村文化体系还没有建立，部分年轻人已经选择离开乡村。同时，传统文化的保护面临诸多问题，如在乡村建设之中表现出来的浓郁的商业化色彩。当前部分乡村景观建设过多地追求经济效益，为了吸引旅游者，将乡村打造成为一个个旅游点、生态园，在景观形式上追求新奇，村里的公共空间停满了旅游者的汽车，增多的汽车让村民失去安全感。同时，一些旅游开发较早的地区，因开发时缺乏导向和控制，进行了过度的发展，使原住民将住房和铺面出租给外来商人经营，原住民外迁严重，导致传统地域文化丧失，传统村落逐渐空心化。

第二节　乡村景观设计的优化策略探索

乡村景观建设要在城乡一体化、可持续农业发展、农业产业化、农村生态环境综合整治的背景下，运用整体设计和参与式规划方法，充分考虑长效性、低耗能、舒适度，综合利用农村资源，维护农村乡土建筑和景观，建设良好的人居环境和景观，达到农村社会、经济、生态环境三位一体协调发展。面对乡村景观设计中现存的各种问题，相关研究者正积极探索应对策略。希望通过这些策略实现乡村景观设计的优化，促进乡村进一步发展。具体来说，可以采取以下优化策略。

一、构建完善的乡村景观建设规划实施体系

乡村景观建设首先要明确指导思想和原则，根据当地具体情况和资金投资方，完成不同层次的规划，特别是县（市）、镇（乡）、村三级规划控

制体系，并切实加强对规划的科学性论证和审批，以及实施的监督。乡村景观建设规划是一项综合性工作，其综合性体现在两个方面。

一方面，乡村景观建设涉及不同的学科和部门，需要多学科专业知识的综合应用和各部门的合作；另一方面，景观规划要求在全面分析和综合评价农村景观自然要素及基础设施的基础上，考虑社会经济的发展战略、人口问题，同时规划实施后还要进行环境影响评价。具体包括以下五个阶段：第一，农村景观现状的问题分析；第二，确定整体方向、布局和发展战略，可以有多种方案；第三，选择乡村景观建设技术，确定乡村和经济发展可接受的方案；第四，集合利益集团、方案制定者和不同部门人员，对方案进行讨论，以确定未来情况的变化和方案实施办法；第五，建立完善的监督体系，对乡村景观设计、实践的全过程进行有效监督。

二、以人为本，充分考虑村民的需求，鼓励村民参与

乡村景观设计是服务于人的，最主要的是服务于当地村民，要能够满足当地村民的需要，能够在一定程度上提升当地村民的生活幸福感，解决他们的现实问题。因此，乡村振兴背景下的乡村景观设计应该遵循以人为本的原则，对当地进行实地考察，与当地村民进行深入的交流，了解他们真正的意愿和需求，并积极听取村民的合理意见，鼓励村民参与到乡村景观设计实践活动中。

参与式规划就是当地居民积极、民主地参加社区的发展活动，包括确定目标、制定政策、项目规划、项目实施以及评估活动，还包括参与分享发展成果。其根本目的是强调乡土知识、群众的主角身份，鼓励社区成员自己做决策，实现可持续发展。参与式的方法经过多年的摸索和实践，越来越受到乡村居民和发展项目工作者的青睐。

包括乡村景观设计在内的一系列乡村建设问题其实都需要将村民参与作为核心，要让村民的意见在建设过程中得到充分的尊重。但是，现在我国大多数乡村居民受教育程度还比较低，没有专业的景观观念，缺乏对经济、社会、生态、美学的认知，难以直接设计出完善的、可持续的乡村景观。对此，相关部门应该积极向村民宣传乡村景观改造与发展的具体政策，对村民

进行长期的景观价值宣传与教育，让村民充分了解到乡村景观设计多方面的意义，让村民理解专业设计师所进行的乡村景观设计规划的原因与目标，同时发挥村民的本土优势，协调多方主体共同参与。有了参与的过程，之后的乡村景观规划实践也更容易获得村民的理解和支持，能够减少建设过程中的许多难题。

让村民做乡村景观建设的主体，才能有效避免设计者与使用者之间的矛盾，才能真正落实乡村建设，发展美丽乡村。[1]在参与过程中，村民的创造性得到充分发挥，村民对当地景观保护的积极性以及对本土的归属感、安全感和幸福感也能得到激发。这对解决当前乡村景观设计同质化、破碎化和异域化等问题都具有积极作用。

三、因地制宜，从当地实际情况出发

每一个乡村都有不同的地理条件，有着各自的生态禀赋和区位条件，因此，乡村景观设计必须遵循因地制宜的原则，从当地实际情况出发，制定有针对性的乡村景观设计方案。

乡村景观设计与城市景观设计存在许多不同。在进行乡村景观设计时，应该尊重当地的本真特色，对于那些特有的地形地貌和建筑风格，没有必要去进行过多的修饰，应该保留乡土气息。此外，要充分挖掘当地的特色材料与传统工艺，提炼出各种体现乡村特色的元素，将之转化应用至景观设计中，在表达对当地文化和生活方式认可的同时，还能使其具备较高的可识别性，将其打造成乡村的文化名片，有效避免同质化问题。设计好这些特色鲜明的景观之后，还可以借此宣传乡村各项产业，与产业发展联动，促进乡村地区的经济发展。

从乡村特有的文化环境和自然环境来看，乡村景观设计需要结合乡土美学理念与现代生态理念进行设计。中国传统美学思想讲究“天人合一”，认为环境是生命的有机体，人与自然应该和谐共处。在这一思想的影响下，

[1] 闫光宇：《“内生式发展”理论指导下的当代乡村景观设计研究》，硕士学位论文，鲁迅美术学院建筑艺术设计学院，2022，第28页。

中国的自然景观设计也十分重视生态美学的理念。在进行乡村景观设计时，应该合理利用乡村房屋、农田分布所形成的序列和肌理，进行合理的规划，力求“真实”“自然”，不要为了迎合“观者”进行刻意改造，要避免为了增加景观对视觉的吸引力而违背生态原理的设计行为。另外，根据生态美学的要求，乡村景观设计还应该尊重当地生态的多样性，注意保存生态格局的完整性，保留原本的自然植物群落，避免模式化的设计。设计师应该从广阔的生态视角出发，不要为了局部的设计而破坏整体的生态平衡。植被生长本身就具有地域性，人们甚至可以光凭树种就大致判断出其所处区域，如果要将南方的树种移植到北方，或将北方的树种移植到南方，不仅需要巨大的运输和养护成本，而且存活的概率很低，因此景观设计中的植物就应该从当地的自然环境中去选。

2022 年 5 月，中共中央办公厅、国务院办公厅印发了《乡村建设行动实施方案》，提出了以下工作原则：第一，尊重规律、稳扎稳打。顺应乡村发展规律，合理安排村庄建设时序；第二，因地制宜、分类指导。乡村建设要同地方经济发展水平相适应、同当地文化和风土人情相协调；第三，注重保护、体现特色。传承保护传统村落民居和优秀乡土文化，突出地域特色和乡村特点；第四，政府引导、农民参与。发挥政府在规划引导、政策支持、组织保障等方面作用；第五，建管并重、长效运行。坚持先建机制、后建工程；第六，节约资源、绿色建设。树立绿色低碳理念，促进资源集约节约循环利用。

四、适度开发，在保护的基础上开发

环境的承载力是有限的，乡村环境中存在众多的生态资源，其中有很多都是不可再生的。乡村景观设计要以生态优先，遵循适度原则，打造生态乡村景观，避免造成环境破坏。设计师在进行乡村景观设计之前，首先要对当地的生态情况进行全面完整的考察，结合当地人口密度、发展态势等分析出当地的生态承载力，严格守护好生态保护的红线，保住绿水青山。在此基础上探寻资源开发途径，并在规划中为乡村未来发展留下充足的空间。

要遵循适度开发的原则，乡村景观设计中材料的选择就应该是生态环保性的材料，要从长远的目标来考虑，不要建设一次性的景观设施，不要将易消耗的能源过多地投入其中，要保证景观的环保性。

五、发展经济，以强劲产业带动乡村升级

产业振兴是乡村振兴的基础，也是乡村振兴的关键所在。产业振兴是乡村经济发展的前提，它可以和乡村其他多个层面的发展融合，以强劲产业带动乡村转型升级。要促进乡村景观设计发展，打破区域发展不平衡的现状，就要先努力发展落后地区的经济，使其在产业层面率先突破，为包含乡村景观设计在内的其他方面奠定良好的经济基础，此外还能提高乡村的活力，引进专业人才，为乡村带来更广阔的发展空间。

六、以文化人，营造乡村精神文化内涵

乡村文化是中国人精神内涵的载体。陶渊明在《桃花源记》中描述的桃花源就蕴含着中国传统乡村精神的内涵，人们在其中安居乐业，无忧无虑，这是城市人向往的。乡村是当地风土文化的载体，人们去乡村除了观赏美景和品尝美味之外，更深层次的是对空间文化的认同和对文化根脉的找寻，体会东方文化思想下乡村社会情感和生活方式的表达，以及人们对于自然和祖先的敬畏之心。在乡村景观设计中，对乡村文化的挖掘是首要任务。整合村落空间资源，构建文化认同与文化传承的一体化形态，才能上升到精神高度，找回乡村的灵魂，回归文化、回归生活、回归乡村。真正的乡村精神并非因循守旧、一成不变，而是基于现代性、基于文化生长的一种精神价值。乡村景观研究的意义在于从表面上的村庄改造，上升到真正意义上传统的复兴和延续，让乡村精神真正得到持续发展，让文化和历史文脉得以传承。

七、突破创新，学习先进经验

我国乡村景观设计的经验毕竟还很有限，许多方面其实可以学习国外

先进经验，多了解国外乡村景观设计的研究成果和实践经验，这对我国乡村景观设计也是有重要意义的。

例如，针对乡村垃圾处理这一问题，美国乡村的垃圾处理一般交由专业的垃圾公司，这种公司规模一般较小。虽然村民住得分散，但是员工深入当地，定期去各家收取垃圾，每家每户都有一个带轮子的垃圾箱，居民每天早晨送到公路边，由专车带走分类垃圾，每月收取一定的费用。垃圾处理成本的制约有效地减少了美国乡村的垃圾量。另外，英国有关专家针对乡村文化可持续发展的问题也提出了各种观点：认为富有的、稳定的社会需要的乡村景观应该具有多功能性；只有当地居民从文化景观的保护中获得利益时，农民才会进行景观保护；景观生态立法是关键问题，其次是带来收益，两者兼备才能带来持续稳定的乡村景观发展；当地管理者除了给予支持外，还应适当放权，让地方自己解决问题。

此外，我国专家在乡村景观设计的探索中也获取了不少优秀的经验，可以为其他乡村的景观设计提供一些借鉴。例如，我国苏州科技学院丁金华教授主持的苏州黎里镇朱家湾村乡村景观更新设计。首先引导建立乡村低碳化社区，优化水网体系设计，完善绿地系统，修补景观基底，重点再造乡村外部环境。其次是修建环保型公共厕所、生态村民活动中心，设计之中具有环保低碳的教育意义。再如，我国著名环保人士廖晓义率队利用社会资金在四川大坪村设计建造的我国第一个“乐和家园”。其作为低碳乡村的实践，在多方面体现了环保性，包含八十座高质量、节能低碳的生态民居、两座乡村诊所、两座公共空间，并在每户配套沼气、净化、污水处理池和一个包括垃圾分类箱和垃圾分类打包机在内的垃圾分类系统。同时还配备了手工作坊、有机小农场和有机养殖场等，将之前能源型的产业逐渐转化为生态农业、生态旅游。另外，该项目还帮助农户和消费者建立点对点销售平台，提供远程的医疗服务，开设课程积极培养村民的低碳意识，使乐和家园成为低碳乡村的可复制性样本。

参考文献

[1] 陈威 . 景观新农村：乡村景观规划理论与方法 [M]. 北京：中国电力出版社，2007.

[2] 迪静 . 乡村振兴背景下的乡村景观规划设计研究 [D]. 杭州：浙江大学，2020.

[3] 杜娜 . 美丽乡村建设研究与海南实践 [M]. 北京：科学技术文献出版社，2016.

[4] 付军 . 乡村景观规划设计 [M]. 北京：中国农业出版社，2017.

[5] 郭雨，梅雨，杨丹晨 . 乡村景观规划设计创新研究 [M]. 北京：应急管理出版社，2020.

[6] 韩沫，丁文轩 . 基于乡村振兴背景下乡村景观规划设计研究 [J]. 乡村科技，2021，12（36）：80-82.

[7] 黄铮 . 乡村景观设计 [M]. 北京：化学工业出版社，2018.

[8] 江东芳，吴珂，孙小梅 . 乡村旅游发展与创新研究 [M]. 北京：科学技术文献出版社，2019.

[9] 孔祥智 . 乡村振兴的九个维度 [M]. 广州：广东人民出版社，2018.

[10] 李夺，黎鹏展 . 城乡制度变革背景下的乡村规划理论与实践 [M]. 成都：电子科技大学出版社，2019.

[11] 李华燕，杨健，饶昆仑 . 乡村景观设计 [M]. 北京：化学工业出版社，2022.

[12] 李莉 . 乡村景观规划与生态设计研究 [M]. 北京：中国农业出版社，2022.
[13] 林方喜 . 乡村景观评价及规划 [M]. 北京：中国农业科学技术出版社，2020.
[14] 刘黎明 . 乡村景观规划 [M]. 北京：中国农业大学出版社，2003.
[15] 鲁苗 . 环境美学视域下的乡村景观评价研究 [M]. 上海：上海社会科学院出版社，2019.
[16] 吕勤智，黄焱 . 乡村景观设计 [M]. 北京：中国建筑工业出版社，2020.
[17] 孙凤明 . 乡村景观规划建设研究 [M]. 石家庄：河北美术出版社，2018.
[18] 孙炜玮 . 乡村景观营建的整体方法研究：以浙江为例 [M]. 南京：东南大学出版社，2016.
[19] 王美惠 . 乡村振兴战略下的济南市唐王镇乡村景观规划设计研究 [D]. 济南：山东建筑大学，2020.
[20] 王润 . 乡村的形与韵：乡村景观与产业振兴研究 [M]. 北京：知识产权出版社，2023.
[21] 王云才 . 现代乡村景观旅游规划设计 [M]. 青岛：青岛出版社，2003.
[22] 王峥 . 乡村振兴视野下的乡村景观更新设计研究 [J]. 建材发展导向，2023，21（4）：124-126.
[23] 魏兴琥 . 景观规划设计 [M]. 北京：中国轻工业出版社，2010.
[24] 宇振荣，李波 . 乡村生态景观建设理论和技术 [M]. 北京：中国环境科学出版社，2017.
[25] 战杜鹃 . 乡村景观伦理的探索 [M]. 武汉：华中科技大学出版社，2018.
[26] 张锦 . 乡村振兴战略背景下的乡村旅游规划设计 [M]. 太原：山西经济出版社，2020.
[27] 张晋石 . 乡村景观在风景园林中的意义 [M]. 北京：中国建筑工业出版社，2017.
[28] 张琳 . 乡村景观与旅游规划 [M]. 上海：同济大学出版社，2022.

[29] 张智勇 . 乡村振兴战略下乡村景观设计探索 [J]. 智慧农业导刊，2023，3（5）：133-136.

[30] 朱少华 . 乡村景观设计研究 [M]. 北京：科学出版社，2022.